KATHY SDAO

… oder einfach so!

Warum Hunde sich nicht alles verdienen müssen

Titel der amerikanischen Originalausgabe: *Plenty in Life is Free Reflections on Dogs, Training and Finding Grace*
Kathy Sdao, ACAAB
Dogwise Publishing
A Division of Direct Book Service, Inc.
403 South Mission Street, Wenatchee, Washington 98801

KYNOS VERLAG Dr. Dieter Fleig GmbH
Konrad-Zuse-Straße 3
D – 54552 Nerdlen/Daun
www.kynos-verlag.de

Übersetzt von Chrissi Schranz

ISBN 978-3-95464-206-9

Titelbild: Adobe Stock@ Rauer
Graphikdesign: Nicole Hilgers unter Verwendung von Grafiken von sabri deniz kizil/fotolia; Designcuts

Gedruckt in Lettland

Inhaltsverzeichnis

Widmung 7

Vorwort 8

Einleitung 11

Kapitel 1 – Die Zügel fest in der Hand 15

Kapitel 2 – Kognitive Dissonanzen 23

Kapitel 3 – Von Hunden und heiligen Kühen 37

Kapitel 4 – Alpharolle oder Alpha-Rolle? 51

Kapitel 5 – Ohne Fleiß kein Preis? Alternative Philosophien ... 73

Kapitel 6 – Hundetraining als Herzensangelegenheit 113

Danksagung 134

Über die Autorin 136

Lesetipps 138

„Kühe waren heilig. Hunde nicht."

Abraham Verghese, Rückkehr nach Missing (2009)

Meinungen zu diesem Buch

„Kathys Buch unterscheidet sich von allen anderen Büchern, die ich je zum Thema Tiertraining gelesen habe. Es ist ein philosophisches Werk, eine Autobiographie und ein praktischer Trainingsratgeber in einem. Kathy setzt sich mit überzeugenden Argumenten für Empathie im Training ein und macht deutlich, warum viele gängige Trainingsansätze überdacht und geändert werden sollten. Sie ist schonungslos ehrlich, immer gerecht, denkt praktisch und regt zum Nachdenken an – manchmal über Dinge, die wir lieber nicht hinterfragt hätten. Jeder Hundehalter und Trainer sollte dieses Buch lesen. Würde ich versuchen, all das wiederzugeben, was ich aus Kathys fesselndem Büchlein für mich mitgenommen habe, müsste ich das ganze Werk nachzuerzählen!“

(**Ken Ramirez**, stellvertretender Leiter des Shedd Aquarium in Chicago, Autor von *Animal Training: Successful Animal Management through Positive Reinforcement)*

„Kathy Sdao deckt systematisch eine der gefährlichsten Meinungen auf, die die heutige Hundewelt prägen – und zwar, dass Hunde sich alles, was ihnen wichtig ist, erst auf irgendeine Art „verdienen“ müssten. Sie erklärt die wissenschaftlichen Prinzipien, welche ihrer Einstellung zugrunde liegen und schreibt zugleich mit großem Einfühlungsvermögen und Verständnis. Es war mir nicht nur ein Vergnügen, dieses Buch zu lesen – es war ein Privileg.“

(**Jenifer Arnold,** Gründerin von Canine Assistants, Autorin der *New York Times*-Bestseller *Through a Dog's Eyes* und *In a Dog's Heart)*

„Sdaos Buch ist eine einzigartige Kombination aus Selbstreflexion, Humor und Empathie. Sie nimmt ihre Leserinnen und Leser an der Hand, lässt sie an ihren Gedanken teilhaben und stellt die im Hundetraining übliche „Ohne Fleiß kein Preis“-Mentalität in Frage. Sdao lädt uns ein, die Ethik und Effektivität dieses Dogmas zu hinterfragen, setzt sich mit unserer Beziehung zu Hunden und anderen Lebewesen auseinander und argumentiert überzeugend, dass es manches im Leben umsonst geben

sollte. Sdao zeigt Alternativen zur strikten Rationierung aller Privilegien auf, welche zugleich die Mensch-Hund-Beziehung vertiefen und „Sehen, Markieren und reich Belohnen“ in unseren Alltag integrieren. Ich empfehle das Buch als spirituellen Paradigmenwechsel für alle Hundeliebhaber.“

(Dana C. Crevling, CPDT, CNWI, *Dogs of Course)*

Widmung

Für Dr. Patricia D. Ebert (1950–1985)

Vorwort

Während eines gemeinsamen Frühstücks auf der ClickerExpo erzählte mir Kathy, wie schwer es ihr fiele, den Erstentwurf ihres Buches zu strukturieren. Sie hätte sich nicht sorgen müssen: Kathys Buch ist ein Juwel, das seinesgleichen sucht. Es zieht seine Leserinnen und Leser in den Bann, regt zum Nachdenken an – ich zögere, diese klischeehaften Phrasen zu verwenden, und doch passen sie perfekt auf ... *oder einfach so!*. Kathy fordert uns dazu auf, das, was wir zum Thema Tiertraining gelernt haben, in Frage zu stellen, einen Blick hinter die Fassade unserer Philosophie zu wagen und uns mit unserer Grundeinstellung zu Training, Tieren und nicht zuletzt uns selbst auseinanderzusetzen. Klingt das nach schwerer Kost? Keine Sorge! Vom ersten Satz an sind Kathys leichtfüßiger Stil, ihre Geschichten und ihre überzeugten Meinungen zum Umgang mit Tieren unwiderstehlich. Mit Kathys Buch hält ein frischer Wind in unseren Bücherregalen Einzug. Weder drängt sie uns den Glauben auf, dass wir unsere tierischen Freunde dominieren müssten, noch verwirrt sie ihre Leser mit dem Fachjargon der Verhaltenswissenschaften. Stattdessen liefert sie überzeugende Argumente dafür, das im Hundetraining gängige „Ohne Fleiß kein Preis"-Dogma durch etwas zu ersetzen, worüber Kathy und ich uns schon oft unterhalten haben: ein emotional gesundes Tier.

Zum ersten Mal begegnete ich Kathy im Jahr 1998. Sie hielt einen Vortrag auf der jährlichen Konferenz der APDT, eines amerikanischen Hundetrainerverbandes. Im Laufe der Präsentation erzählte sie die Geschichte von E.T., dem Walross, mit dem sie am Point Defiance Zoo & Aquarium in Tacoma, Washington, gearbeitet hatte. Ich habe in meinem Leben schon unzählige Vorträge gehört – aber nur wenige davon blieben mir so deutlich in Erinnerung wie dieser. Bis heute fühlt es sich an, als hätte ich Kathys Vortrag erst gestern gehört. Ihre Präsentation auf der ClickerExpo hatte denselben Effekt: Kathys Geschichten blieben mir im Gedächtnis, als wären sie in Sekundenkleber getaucht. Sie ist eine mitreißende Geschichtenerzählerin. Das trägt dazu bei, eine Präsentation interessant zu gestalten – aber der Sekundenklebereffekt erfordert mehr als nur das. Kathys größtes Talent ist es, komplexe Themen auf jene grundlegenden Prinzipien herunterzubrechen, die uns bewusst sein müssen, um sie zu verstehen. Derselbe Sekundenklebereffekt findet sich auch in Kathys neuem Buch.

Ich fühle mich geehrt, Kathy nicht nur als Vortragende zu kennen, sondern auch eine Freundin nennen zu dürfen. Wir beide gehören seit der Gründung der ClickerExpo zu ihrer Fakultät. Die Konferenz ermöglicht uns, einer gemeinsamen Leidenschaft nachzugehen: Wir diskutieren über Training und Tiere. Ich arbeite mit Pferden; Kathy arbeitet mit Hunden. Doch wir beide sind Clickertrainer. Welche Parallelen und Unterschiede finden sich in unserer Arbeit? Natürlich unterscheiden sich unsere Techniken teilweise – aber darauf kommt es nicht an. Beim Lesen von *... oder einfach so!* wurde mir auf jeder Seite erneut bewusst, dass wir uns im Grunde beide dasselbe wünschen: Wir wollen ein Leuchten in den Augen unserer tierischen Freunde sehen; wir wollen, dass sie unseren Blick frei erwidern. Ich erinnere mich an Gespräche, in denen Kathy sagte, dass sie sich einen emotional gesunden Hund wünsche. Hunde bringen sie zum Lächeln. Fröhliche, mit dem ganzen Körper wedelnde, enthusiastische Hund machen sie glücklich. Dabei handelt es sich nicht um ungezogene Hunde, die nicht gelernt haben, sich in einen Haushalt einzufügen – es handelt sich um Hunde, deren Persönlichkeit respektiert und geschätzt und deren physische und emotionale Bedürfnisse erfüllt werden.

Wie in der Hundewelt, so hält sich auch in der Welt der Pferde der hartnäckige Glaube, dass wir Menschen der Anführer sein müssten. In diesem Buch hinterfragt Kathy, was dieser Glaube impliziert und wie er sich auf die Beziehung zwischen Menschen und ihren tierischen Gefährten auswirkt. Sie stellt eine klar verständliche und leicht umsetzbare Alternative zu dem dominanten und dominierenden Trainingsansatz vor, dass sich Tiere alles erst verdienen müssten. Ich bin mir sicher, dass sich meine Pferde in Kathys Haushalt wohlfühlen würden. Sie passen zwar nicht auf ihre Couch, finden aber sicherlich einen Platz in ihrem Herzen.

Alexandra Kurland

Alexandra Kurland ist bekannt für ihre Bücher *Pferdetraining mit dem Clicker*; *The Click That Teaches: A Step-By Step Guide in Pictures* und *The Click That Teaches: Riding with the Clicker* sowie die DVD *The Click That Teaches: DVD Lesson Series.*

Einleitung

„Mögest du in interessanten Zeiten leben" – ein Sprichwort, das unter dem Namen chinesischer Fluch Bekanntheit erlangte. Ich schätze mich glücklich, in den letzten dreißig Jahren von interessanten Aufgaben gelebt zu haben. Im Auftrag des Verteidigungsministeriums der Vereinigten Staaten trainierte ich Große Tümmler, tief im offenen Ozean befindliche Minen aufzuspüren und zu entschärfen. Als Forschungsassistentin am Meeressäugerlabor im Kewalo Basin half ich mit, Delfine Zeichensprache zu lehren, und im Zoo meiner jetzigen Heimatstadt Tacoma, Washington, kümmerte ich mich um seltene Schweinswale, sanfte Belugas und ein gewaltiges zwei Tonnen schweres Walross namens E.T. Ich schloss mich eine Woche lang der Besatzung eines großen Motorseglers an, um vor der Küste Hawaiis Delfine für unser Training zu finden. Ich reiste sogar kurz nach den Terroranschlägen vom 11. September für einen Hundesitterauftrag nach Paris. In meinem allerersten Job arbeitete ich jedoch als Hooker. Sozusagen. Mehr dazu im nächsten Kapitel.

Mittlerweile bin ich fast fünfzig Jahre alt. Wenn ich die Augen zusammenkneife, kann ich schon den Meilenstein eines halben Jahrhunderts am Horizont erkennen, der mich für immer aus der Altersgruppe „junger Erwachsener" ausschließt. Neben zahlreichen Lachfältchen um die Augen und Gedächtnislücken, die mit alarmierender Häufigkeit die Namen von Bekannten und gängige Worte verschlucken, wird mein Haupt zusehends grauer. Vorläufig darf das Salz in meinen pfefferfarbenen Locken bleiben – in erster Linie, weil ich es mir verdient habe (und, weniger dramatisch, weil das Resultat meines letzten Färbeversuchs grauenhaft aussah).

Grautöne

Mir fällt auf, dass ich mich auch mit Grautönen in anderen Bereichen meines Lebens wohlzufühlen beginne. Anstatt an festen Überzeugungen zu allem und jedem festzuhalten, habe ich begonnen, meine philosophischen Zelte auch auf dünnem Eis aufzuschlagen. Dies hat mir ganz neue Sichtweisen eröffnet. So bringe ich – die ich in der Regel stolz auf meine liberale Einstellung bin – der amerikanischen Schusswaffenvereinigung (NRA) zumindest in einer Hinsicht Verständnis entgegen: Vor einigen Jahren ärgerte ich mich darüber, dass meine Heimatstadt Freilaufflächen für Hunde verboten hatte, und erkannte, dass Waffen für die NRA denselben Stellenwert haben wie Hunde für mich: Für meinen eigenen Seelenfrieden brauche ich sie in meinem Leben – obwohl ich weiß, dass manche von ihnen gefährlich sind und, vor allem in den Händen ungebildeter Besitzer, unschuldige Menschen verletzen können. (Ganz gehe ich nicht mit der NRA d'accord; meiner Meinung nach darf am Bann von Sturmfeuergewehren nicht gerüttelt werden.) Mein Schwarz-Weiß-Denken im Sinne von „Waffen sind böse!“ hat sich zu einem Standpunkt in Grautönen entwickelt. Sich auf dem dünnen Eis zu bewegen, vorsichtig aufzutreten, um nicht auszurutschen, und mich weit, aber nicht zu weit vorzuwagen, ist weit weniger komfortabel, als am sicheren Ufer zu sitzen.

Auch in vielerlei anderer Hinsicht halte ich heute weniger an unumstößlichen Überzeugungen fest als früher. Die Veränderung war durchaus nervenaufreibend. Mir geht es wie der Schriftstellerin Anne Lamott, die zugibt: „Alles, was ich loslasse, trägt die Kratzspuren meiner Krallen.“ Und doch ist die draufgängerische und gelegentlich arrogante Kathy, die mit fünfundzwanzig Jahren so gut wie alles wusste, heute bereit, zuzugeben, was sie alles nicht weiß. Doppelt so alt und halb so klug – mit fünfzig Jahren Lebenserfahrung im Rückspiegel vielleicht aber auch ein wenig weiser als damals.

Das Älterwerden hat sich auch auf mein Hundetraining und meine Beziehung zu meinen Tieren ausgewirkt. Schon immer hat man mich mit einer Philosophie assoziiert, die Zwang und physischen Druck vermeidet. (Zwang ist keine Option, wenn Ihr Trainingspartner zehnmal schwerer ist als Sie und tausendmal besser schwimmen kann!) Es gibt jedoch auch innerhalb der positiven Trainingsphilosophie eine Strömung, mit der ich mich nie so recht wohl fühlte: die Überzeugung, dass man im Leben nichts umsonst bekomme. Daraus folgt, dass auch Hunde sich all ihre Privilegien und Belohnungen verdienen müssten, indem sie erst ein bestimmtes Kommando oder Signal (zum Beispiel „Sitz!“) ausführen. Bei genauerer Betrachtung stellte ich fest, dass meine Zweifel am

„Ohne Fleiß kein Preis“-Prinzip nicht nur von dessen trainingstechnischen Vor- und Nachteilen, sondern auch von meiner eigenen Spiritualität und Beziehungsphilosophie herrührten.

Mir ist voll und ganz bewusst, wie ungewöhnlich es ist, in einem Hundetrainingsbuch über Spiritualität zu schreiben. Obwohl ich vermute, dass sich auch andere Tiertrainer und Tierärzte mit meinen Themen auseinandersetzen, ist *... oder einfach so!* kein Buch über den Schnittpunkt von Glauben und Training. Vielmehr handelt es sich um eine Kritik des „Ohne Fleiß kein Preis“-Prinzips im Hundetraining und um die Vorstellung eines alternativen Ansatzes. Aber lassen Sie mich erst einmal erklären, warum mir dies so wichtig ist.

Kapitel 1

Die Zügel fest in der Hand

Bis zu einem gewissen Grad ist Tiertraining immer manipulativ. Wir Trainer versuchen, Ereignisse und Umweltreize zu kontrollieren, um eine Verhaltensänderung in unseren Tieren zu erwirken. Die besten Trainer tun dies mit großem Geschick und minimieren zugleich den Druck und Stress, den das Tier während des Lernprozesses empfindet. Weniger gute Trainer setzen physischen und psychologischen Zwang ein, um ihr Tier zum erwünschten Verhalten zu bewegen. Erst kürzlich gestand ich mir ein, dass ich schon immer eine Meisterin im Manipulieren war – auch wenn ich dies vehement zurückwies, als ich in meiner Jugend erstmals so bezeichnet wurde.

Mit sechzehn hatte ich meinen ersten Ferienjob. Ich arbeitete in meinem Heimatort Niagara Falls in New York als Malerin in der örtlichen Hooker-Chemiefabrik. Der Name scheint amüsant – ich trug ein oranges T-Shirt, auf dessen Brust in großen schwarzen Lettern „Hooker" – das amerikanische Wort für eine Prostituierte – prangte. Hat man hingegen von „Love Canal" gehört – der Umweltkatastrophe, die nach dem Vorstadtviertel benannt ist, in welchem Hooker Chemical über 20.000 Tonnen Giftmüll begrub – wirkt der Name der Firma eher tragisch als komisch.

Ich war eine von zwölf Jugendlichen, die angestellt waren, um im Laufe des Sommers Gebäude und Chemietanks zu streichen. Mit Ausnahme meiner Eltern arbeiteten die Väter oder Mütter aller Ferienpraktikanten in der Hooker-Fabrik. Der Ferienjob war ein Bonus für langjährige Mitarbeiter. Ich fiel aus dem Rahmen: Mein Vater arbeitete nicht in der Fabrik, sondern in der Stadtverwaltung von Niagara Falls.

Rückblickend ist es erschreckend, wie gefährlich dieser Sommerjob tatsächlich war. Wir trugen Schutzhelme, Stahlkappenschuhe und einen Gürtel, an welchem eine Gasmaske baumelte, die wir im Fall eines Chemieunfalls aufsetzen sollten. Einmal kam ich dem Tod gefährlich nahe, als ich an einigen Arbeitern vorbeiging, die einen Tankwagen füllten. Direkt vor mir platzte ein Schlauch und versprühte eine Fontäne ätzender Chemikalien.

Jeder von uns wurde einem älteren Maler zugeteilt, der uns anlernen und beaufsichtigen sollte – einem Mann mittleren Alters, der bereits viele Jahre an der Fabrik tätig war. Die Arbeiter hatten keine beneidenswerte Aufgabe: Es muss ausgesprochen anstrengend gewesen sein, in dieser gefährlichen Umgebung eine Gruppe ungeschickter Teenager zu beaufsichtigen.

Einen Sommer lang war Vern mein Partner; ein Mann mit harter Schale und weichem Kern. Damals erschien er mir alt; vermutlich war er Mitte vierzig. Zwei Erlebnisse aus jenen Tagen sind mir bis heute lebhaft in Erinnerung geblieben.

Vern heilte eigenhändig meine Spinnenphobie, als wir über eine Woche lang in einer leerstehenden Fabrikhalle arbeiten mussten. Es galt, die äußeren Fensterbretter an jener Seite der Halle zu ersetzen, an der im Zuge eines erbärmlichen PR-Projekts ein Bus mit lokalen Prominenten vorbeifahren sollte. Das Gebäude stand aber nicht wirklich leer, sondern wurde von Spinnen – Tausenden von Spinnen! – bewohnt. Sie huschten über die Wände und über die Decke. (Denken Sie an die Szene im Indiana-Jones-Film Jäger des verlorenen Schatzes und stellen Sie sich vor, all die Schlangen in der Quelle der Seelen wären Spinnen.) Nachdem der Boden der Halle komplett mit 200-Liter-Fässern bedeckt war, mussten Vern und ich auf die Fässer klettern, um die Fensterbretter zu erreichen. Unsere Köpfe streiften die Spinnen an der Decke. Ich stopfte meine langen Haare unter den Schutzhelm, fürchtete aber trotzdem, dass ein Insekt sich in einer hervorquellenden Locke verfangen oder in den Kragen meiner Overalls fallen könnte.

An unserem ersten Einsatztag spähte ich in das baufällige Gebäude, sah die wütenden Horden von Spinnen und erstarrte. Panik stieg in mir hoch; meine Füße waren schwer wie Blei. Und doch wusste ich, dass ich von den Männern verspottet würde – und wahrscheinlich auch gefeuert – wenn ich mich weigern würde, hier zu arbeiten.

Vern war meine Rettung. Er begann einfach zu reden, erzählte Geschichten aus seinem Leben und stellte mir Fragen. Wie üblich konnte ich der Versuchung, zu sprechen – vor allem über mich selbst – nicht widerstehen. Vern hielt unsere Gespräche in Gang und die Themen kurzweilig. Indem er mich in ein stetes Geplänkel verwickelte, hielt er mein panisches limbisches System im Zaum. Ich brachte die Woche hinter mich, auch wenn ich mit Sicherheit mehr Glasscheiben kaputt machte, als ich Fensterbretter reparierte, weil ich jeder Spinne, die ich entdeckte, mit dem Hammer zu Leibe rückte. Unser Einsatz in der Fabrikhalle hatte einzig den Zweck gehabt, den Schein zu wahren. Nur kurze

Zeit später wurde das Gebäude abgerissen, und auch meine Angst vor Spinnen fand hier ihr Ende.

Meine zweite Erinnerung an Vern hat mit einer Bemerkung zu tun, die er machte, während wir in einem Firmen-LKW zu einem neuen Einsatzort fuhren. Er mache sich Sorgen um mich, sagte er aus dem Nichts heraus, weil ich so manipulativ sei. Er fürchte, dass meine Kontrollsucht mir Schwierigkeiten bereiten würde. Damals konnte ich mir nicht vorstellen, wie er auf diese Idee kam. Rückblickend nehme ich an, dass sie einer meiner Geschichten über einen widerspenstigen Freund zu verdanken war. Ich war schockiert und beleidigt. Ich, manipulativ? Nie im Leben! Was bildete er sich ein, sich in mein Leben einzumischen? Und doch war Verns Beobachtung so treffend, dass sie bis heute der einzige Satz Verns ist, an den ich mich noch jetzt, viele Jahre später, wortgetreu erinnere. Er schien vorauszuahnen, dass ich viele Jahre und Tränen darauf vergeuden würde, jeden und alles in meinem Leben zu kontrollieren. Was er jedoch nicht wissen konnte war, dass Jahre später das Tiertraining nicht nur mein täglich Brot, sondern auch zur täglichen Arbeit an mir selbst werden und mir letztendlich dabei helfen würde, meine Kontrollsucht abzulegen und durch etwas anderes, Stärkeres zu ersetzen.

Verns Einsicht war der erste Hinweis darauf, dass der Weg zum Glück nicht darin lag, immer größere Kontrolle über die Handlungen anderer zu gewinnen. Ich ließ seine Worte jedoch links liegen und verbrachte meine Zwanziger stattdessen damit, mein manipulatives Geschick zu schulen, indem ich die Menschen – und später die Tiere – rund um mich in meinem Sinne zu beeinflussen suchte.

Ich glaube, das Leben neigt dazu, Falschheiten in Form von Leid ans Licht zu bringen. Es führt im wahrsten Sinne des Wortes zur Desillusion: Illusionen werden zerstört. Zwei überraschende, demütigende Scheidungen – eine im Alter von 25 und die andere im Alter von 40 – rissen mich aus meiner behaglichen Routine. Beide Male verzweifelte ich. Ich stolperte in die Arme von Freunden und Familie und weinte mich durch stundenlange Therapiesitzungen. Irgendwann zwischen den beiden Trennungen begann ich, wieder zur Kirche zu gehen. Ich war römisch-katholisch erzogen worden, hatte jedoch aufgehört, den Gottesdienst zu besuchen, als ich von zuhause auszog und zu studieren begann. Als ich aber 1991 nach Tacoma kam, um am Point Defiance Zoo

& Aquarium zu arbeiten, erwähnte ein Kollege eine andere Art katholischer Kirche hier in der Stadt. Eines Sonntags entschied ich spontan, eine Messe der St.-Leo-Kirche (eine Kirche der Pfingstbewegung, wie sich herausstellte) zu besuchen. In dieser wunderbaren, herzlichen Jesuitengemeinde sollte ich mein zukünftiges spirituelles Zuhause finden.

Die Priester und Gemeindemitglieder St. Leos gehören zu meinen einflussreichsten Lehrern. Es dauerte nur zwanzig predigt- und gebetsreiche Jahre, bis ich zu verstehen begann, dass ich mich selbst nicht so wichtig nehmen durfte. Ich bemühte mich, meinen ausgeprägten Narzissmus und meine Neurosen hinter mir zu lassen. Den Großteil meines Lebens über hatte mein Ego mich davon überzeugt, dass ich immer und überall die Zügel in der Hand halten müsse – nicht auszudenken, was passieren könnte, würde ich die Kontrolle abgeben! Mein Ego war auch der Meinung, dass ich mir keine Fehler erlauben dürfe – besser gesagt, dass ich perfekt sein müsse –, um die Wertschätzung meiner Mitmenschen und die Liebe Gottes zu verdienen. Ich entwickelte verschiedene Wertigkeitshierarchien, um zu bestimmen, wer aufgrund guter Taten geliebt zu werden verdiente. Im Versuch, selbst perfekt zu sein und andere subtil zu beeinflussen, zu kontrollieren und ihr Verhalten zu überwachen, hatte ich mich immer an strenge Verbote und unbiegsame Regeln gehalten.

Glücklicherweise – für mich selbst und für die Menschen in meinem Umfeld – lernte ich im Laufe der Zeit, etwas weniger zu urteilen, etwas freier zu atmen und mein nach Überlegenheit und schwarz-weißen Grenzen schreiendes Ego zu besänftigen. Ich stellte fest, dass Gottes Liebe keine Belohnung für gutes Verhalten darstellt. Vielmehr liebt Gott uns darum, weil es seine Natur ist, zu lieben. Bruder Richard Rohr, der brillante Franziskanerpriester, der das Center for Action & Contemplation in Albuquerque in New Mexico leitet, drückt dies wunderschön aus: „Die göttliche Liebe wird nicht davon bestimmt, ob das Objekt ihrer Liebe diese verdient, sondern davon, dass deren Subjekt immer und ausschließlich Liebe ist. Gott liebt uns nicht, *wenn* wir uns ändern; Gott liebt uns, damit wir uns ändern *können*." Jesus predigt eine radikale Gesellschaftsordnung auf Basis von Gnade anstelle von Verdienst. Diese bedingungslose Liebe für in Jesus inkarnierte Christen bildet heute den Kern meines tiefsten Glaubens.

Mein spiritueller Sinneswandel führte jedoch zu einem Dilemma: Wie konnte ich einerseits aufhören, alle kontrollieren zu wollen, und andererseits weiter als Tiertrainerin und Verhaltensberaterin arbeiten? „Bedingungslose Liebe“ ist kein Trainingsplan.

Ein wichtiger Schritt zur Lösung dieses Dilemmas besteht darin, im Training auf den Einsatz von Einschüchterung und physische oder seelische Schmerzen zu verzichten. Seit einigen Jahrzehnten arbeiten auf der ganzen Welt mehr und mehr Trainer auf der Basis positiver Verstärkung. Diese weniger auf Zwang beruhenden Ansätze (zum Beispiel Clickertraining, Locken mit Futter, Desensibilisierung und Gegenkonditionierung) stellen einen Quantensprung in Trainingsraffinesse und Menschlichkeit dar und stehen im Gegensatz zu altmodischen, militärischen und strafbasierten Techniken. Als ehemalige Meeressäuger-Trainerin fiel es mir leicht, zwangsfreie Methoden anzuwenden und an meine zwei- und vierbeinigen Schüler weiterzugeben. Schließlich wurde im Training wilder Tiere – im Gegensatz zum Hundetraining – bereits früher kaum oder keine Zeit darauf vergeudet, über Starkzwang versus Verstärkung zu streiten.

Als mein spirituelles Wachstum fortschritt, ertappte ich mich jedoch immer wieder dabei, an einem Lehrsatz zu zweifeln, der in der Philosophie der positiven Verstärkung (und auch anderen Trainingsmethoden) allgegenwärtig ist: die Idee, dass es im Leben nichts umsonst gäbe und nicht nur wir, sondern auch unsere Hunde sich jedes noch so kleine Privileg erst erarbeiten müssten. Dieser Lehrsatz steht im Gegensatz zu dem Wunder, welches den Kern meines Glaubens bildet, nämlich dass ich von unzähligen unverdienten Geschenken eines bedingungslos liebenden Gottes umgeben bin. Eine der beiden Überzeugungen – „Im Leben gibt es nichts umsonst; auch nicht für Hunde!“ oder „Gnade ist für alle Geschöpfe reichlich vorhanden!“ – musste weichen. Allerdings musste ich erst Nick adoptieren, um dies zu erkennen.

Kapitel 2

Kognitive Dissonanzen

Eine Verkettung unglücklicher Umstände führte dazu, dass ich einen bisherigen Grundsatz meines Trainingsprogramms – den Lehrsatz, dass Hunde nichts ohne Gegenleistung erhalten dürften – überdachte. Das erste und bedeutendste dieser Ereignisse? Nick, mein Hund, biss zwei Freundinnen.

Nick, ein mittelgroßer Hütehundmischling, war unerwartet bei mir eingezogen. Bevor wir einander kennenlernten, hatte er einen Mann gebissen (ohne diesen zu verletzen), weshalb er aus der Assistenzhundeschule entlassen wurde. Er hatte den Wesenstest eindeutig nicht bestanden! Der Leiterin des Assistenzhundeprogramms bat mich, Nicks Verhalten zu evaluieren, um festzustellen, ob er vermittelt werden könne, ohne eine Gefahr für seine potenziell neuen Besitzer darzustellen.

Zum ersten Mal begegnete ich Nick in seinem bisherigen, sehr eingeschränkten Zuhause (einem nahegelegenen Frauengefängnis)[1]. Es war offensichtlich, wie sehr er sich fürchtete. Immer wieder schnappte er nach mir und versuchte, mich anzuspringen. Ich konnte ihm nicht nahe genug kommen, um ihn zu berühren.

Obwohl einer der Gefängnisaufseher bemerkte, dass Nick „der psychopathischste Hund sei, der ihm je begegnet war", bat ich die Leiterin, Nick im Freien sehen zu dürfen. Die einzige Gelegenheit hierzu ergab sich später in derselben Woche, um 10:30 Uhr morgens, auf einer großen Wiese zwischen dem Gefängnis und der Tierklinik, in welcher Nick um 11:00 Uhr eingeschläfert werden sollte.

Während dieser zweiten Evaluierung unter freiem Himmel stellte ich fest, dass Nick zwar noch nervös und ängstlich war, aber doch ein gesunder, normaler Hund in ihm steckte. Er war im wahrsten Sinne des Wortes dem Tod von der Schippe gesprungen. Meine raffinierte Kollegin stellte fest: „Das sind tolle Neuigkeiten! Jetzt brauchen wir eine erfahrene Pflegestelle für ihn. Wie finden wir die?" Nachdem mir keine Alternative einfiel, erklärte ich mich bereit, Nick selbst zu übernehmen – für zwei Monate. Sechzig Tage und kein bisschen länger. „Ich markiere mir den letzten Tag in meinem Kalender", warnte ich sie. „Bis dahin müssen Sie

1 *Anmerkung der Übersetzerin: In den USA gibt es mehrere Assistenzhundeorganisationen, deren Hunde zur Sozialisierung und Grundausbildung mit Häftlingen zusammenleben.*

ein dauerhaftes Zuhause für ihn gefunden haben. Können Sie garantieren, dass Sie einen Platz für ihn finden, wenn ich ein paar Wochen mit ihm arbeite?" Sie versprach, Nick ein neues Zuhause zu suchen.

Ich konnte Nick von Anfang an nicht leiden. Erst drei Wochen zuvor war mein Seelenhund, ein unglaublich süßer, fledermausohriger alter Terrier namens Gnat, in meinen Armen an Herzversagen gestorben. Gnat war mein Ein und Alles, und ich war noch nicht bereit, einen neuen Hund in meine Familie aufzunehmen – nicht einmal auf Zeit. Abgesehen davon war mir Nick ganz einfach unsympathisch. Er pinkelte ins Haus, zerbiss meine Bücher und duckte sich und schnappte, wann immer ein Mann auf ihn zuging. Sein Fell war glanzlos und er verlor büschelweise Haare. Auch an Kuscheleinheiten hatte er kein Interesse – ich konnte ihn nicht einmal streicheln. Das Schlimmste war, dass er seine Spielzeuge und die Futterschüssel verteidigte. Er knurrte, wann immer sich jemand in die Nähe seiner Schätze wagte. Nick begann auch, mich zu verteidigen: Er bellte und knurrte, wenn sich meine Hündin Effie auf mich zubewegte.

Als Nick im Januar bei mir einzog, begann ich sogleich, am offensichtlichsten Auslöser seiner Aggression zu arbeiten: Männerbegegnungen. Ich sah die Aufgabe als wissenschaftliches Projekt. Nick und ich suchten öffentliche Orte auf, an denen in einigem Abstand Männer vorbeiliefen. Außerdem bat ich eine Reihe von Freunden, mir bei Nicks Desensibilisierung zu helfen. Ich genoss es, zu sehen, wie sich sein Verhalten nach und nach besserte und hatte entgegen meinen Erwartungen Spaß am Training.

Noch mehr überraschte ich mich nach etwa sechs gemeinsamen Wochen selbst mit der Entscheidung, Nick zu behalten. Ich traf diese Entscheidung auf einem Oxytocin-High: In der Nacht zuvor war ich zu faul gewesen, um Nicks Boxentür zu schließen. Am nächsten Morgen weckte er mich, indem er meine Nasenspitze abschleckte – ein einziges Mal, ganz bewusst und sanft. Dann sah er mir in die Augen. Seine sanften braunen Augen brachten mein Herz zum Schmelzen, und Nick wurde von einem Trainingsprojekt zu einem Für-immer-Hund.

Nach einigen Monaten kam ich sogar zu dem Schluss, dass Nick bereit war, während meiner Trainingsgruppen als Demohund zu arbeiten. Ich passte natürlich gut auf, nutze aber auch die zahlreichen Gelegenheiten, während der Kurse an Nicks Gegenkonditionierung zu arbeiten. Das zusätzliche Training zeichnete sich in seinem Verhalten ab: Sechs Monate später geriet er jedes Mal, wenn ein Mann auf ihn zukam, dermaßen aus dem Häuschen, dass seine Begrüßungsrituale überschwänglich und albern wurden. Er wedelte mit dem gesamten Körper und drehte sich dabei immer wieder nach mir um, während er sich einem Mann näherte und erwartete, dass es Steak regnen würde wie bereits Hunderte Male zuvor. Nun musste ich zwar seine überschwänglichen Begrüßungen in Zaum halten; dies war jedoch eindeutig ein großer Fortschritt gegenüber seinem früheren Anspringen und Schnappen.

Aggressionsrückfälle

Nick ist bis heute – viele Jahre später – mein Hund. Ich liebe ihn auf eine Art und Weise, die ich weder vollständig verstehe noch in Frage stelle. Nick war einer meiner besten Lehrer. Bevor wir einander begegneten, hatte ich mit etwa hundert Klienten und ihren aggressiven Hunden gearbeitet. Ich wusste, wie man einen Plan zur Verhaltensmodifikation aufstellt und gab regelmäßig Ratschläge und Tipps zu Training und Kontrolle aggressiver Hunde. Das unvergleichlich beschämende Gefühl, welches einen erfüllt, wenn der eigene Hund jemanden beißt – eine Mischung aus Scham, Traurigkeit, Schrecken und Wut –, war mir jedoch nicht vertraut. Nie zuvor hatte ich etwas Derartiges gefühlt. Einerseits war ich wütend, andererseits brach mir das Herz. Wenn heute ein Kunde zu mir sagt, „Sie wissen nicht, wie es ist, einen aggressiven Hund zu haben“, versichere ich ihm, dass ich genau weiß, was er meint.

Ich war stolz auf meinen Erfolg mit Nick – bis zum Dezember. Dann schockierte er mich damit, dass er zwei Mal – beide Male in meinem Wohnzimmer – eine Freundin in den Fuß biss. Die Bisse waren gehemmt; niemand wurde verletzt. Den ersten Vorfall sah ich als einmaligen unglücklichen Zufall und nahm ihn nicht weiter ernst. Als es einige Wochen später jedoch zu einem weiteren Biss gegenüber einer anderen Freundin kam, verzweifelte ich. Weil ich nicht verstand, was passiert war, fragte ich mehrere Kolleginnen um Rat.

Erst wandte ich mich an eine Trainerin und langjährige Freundin, die ich zutiefst respektiere. Sie war meine Mentorin gewesen, als ich beschloss, fortan Hunde anstatt großer nasser Tiere im Zoo zu trainieren, teilte ihr Wissen großzügig mit mir und ging verständnisvoll damit um, dass ich arroganterweise glaubte, Hunde zu trainieren wäre für jemanden, der mit Walen und Walrossen gearbeitet hatte, ein Kinderspiel. Auch war sie eine jener Kolleginnen, die mir zu erkennen halfen, dass ich noch viel zum Thema Hundeverhalten lernen musste. Jederzeit durfte ich von ihren Trainingstechniken, ihrer Kursgestaltung und ihrem Geschäftsmodell lernen. Nun wandte ich mich also an sie, um Rat bezüglich Nicks Aggression einzuholen. Unser Gespräch sollte über meine gesamte Trainingsphilosophie hinweg Wellen schlagen.

Meine Freundin schlug vor, mich zum Mittagessen zu besuchen und bei dieser Gelegenheit über Nicks Verhalten zu sprechen. Das Meeting begann wie eine Sitcom-Folge. Ich hatte nicht oft Besuch. Die Fliegengittertür in meinem Eingangsbereich war kaputt, weshalb sie aus dem Rahmen und meiner Freundin entgegen fiel, als Nick in seiner Aufregung daran hochsprang. Kein vielversprechender Beginn! Dies war natürlich mein Fehler – ich hätte Nick nicht zum Eingang laufen lassen sollen. Ich rief ihn zu mir und war erleichtert, dass er weder bellte noch knurrte, sondern sich über unsere Besucherin zu freuen schien.

Meine Freundin hatte Mittagessen für uns mitgebracht. Wir packten das Essen am Couchtisch im Wohnzimmer aus. Nick war es nicht gewohnt, verlockende Köstlichkeiten auf diesem niedrigen Tisch zu sehen. Er tat das Naheliegende und kostete bei der ersten Gelegenheit aus meiner Suppenschüssel. Dieser Fauxpas war unhöflich, aber nicht weiter überraschend. Langsam wurde mir der Eindruck, den ich gegenüber meiner geschätzten Kollegin erwecken musste, ein wenig peinlich; jedoch kam ich nicht auf die Idee, dass Nicks Mangel an Tischmanieren mit seiner Aggression zusammenhängen könnte. Nick war ganz einfach lästig. Er war weder aggressiv noch dominant, sondern zeigte, dass ich ihm nie beigebracht hatte, wie er sich gegenüber Besuchern verhalten sollte – das ging zu 100% auf meine Kappe.

Während wir es uns zum Essen auf der Couch gemütlich machten, sprang Nick in meinen Lehnsessel, um neben mir zu sitzen. Er sah glücklich aus und hoffte, dass etwas für ihn abfallen würde. Meine Kollegin saß uns gegenüber und stand gerade im Begriff, mir ihre Vorschläge zu unterbreiten, wie ich Nick helfen könne. Nie hätte ich eine Verbindung zwischen den Bissen und Nicks Hochspringen an der Tür, dem Stibitzen meiner Suppe oder Nicks Platz am Lehnsessel vermutet – bis sie sagte: „Genau das ist dein Problem! Nick ist verwöhnt; er hat zu viele Freiheiten. Er sollte an der Leine sein und neben dir am Boden liegen. Warum darf er auf den Stuhl?"

Was?! Meine Nackenhaare sträubten sich und ich ging in die Defensive. Die Frage kam unerwartet. Ich stammelte eine unzusammenhängende Antwort, während ich versuchte, meinen Ärger hinunterzuschlucken. Ich konnte mich unmöglich damit abfinden, dass DAS der Grund für Nicks Bisse sein sollte. Rückblickend bin ich mir sicher, dass meine Freundin mir noch viele weitere Ratschläge gab, die aber gar nicht mehr zu mir durchdrangen.

Warum brachte mich ihr Rat dermaßen aus dem Konzept? Meine Freundin hatte mein Weltbild ins Wanken gebracht. Sie trug keine Schuld – vielmehr machte sie mir ein unbezahlbares Geschenk: Sie eröffnete mir eine neue Perspektive.

Warum war ich eigentlich so aufgebracht? Bei ihren Kommentaren handelte es sich um genau jene Ratschläge, die ich im Laufe der Jahre selbst zahlreichen Kunden mit auf den Weg gegeben hatte. Ich hatte sie zuhause besucht und ihre Situation, die der meinigen zum Verwechseln ähnelte, ebenso analysiert wie meine Kollegin meine Beziehung zu Nick. Jetzt, wo ich denselben Rat erhielt, anstatt ihn zu geben, schien er mir kein bisschen stimmig. Ehrlich gesagt war ich begeistert, dass Nick in meinem Sessel saß: Er wirkte entspannt und kein bisschen aggressiv! Seinen nicht vorhandenen Tischmanieren zum Trotz war ich stolz auf ihn! Meine Freundin hingegen meinte, dass das Hochspringen an der Tür, das Kosten meiner Suppe und Nicks Platz auf meinem Stuhl der Grund für seiner Aggression gegenüber Besuchern war! Ich schüttelte den Kopf. Hing Nicks Anspringen von Gästen und Nach-Füßen-Schnappen tatsächlich mit seinen unverdienten Privilegien zusammen – mit Dingen wie der Möglichkeit, auf der Couch und am Bett zu liegen oder von meinem Essen zu kosten, ohne erst etwas dafür tun zu müssen? Bald erkannte ich, dass ich mich nicht über meine Freundin ärgerte – schließlich hatte sie ein großes Herz und bemühte sich sehr, uns zu helfen! –, sondern von der Erkenntnis irritiert war, meinen Kundinnen und Kunden etwas geraten zu haben, was keinen Sinn zu machen schien.

Wenig später unterhielt ich mich mit einer anderen Kollegin – einer Tierärztin, die sich auf Verhaltensberatung spezialisiert hatte – über Nicks Aggression. Sie wusste nicht, was ich bereits erfahren oder versucht hatte, und fragte, ob ich sicher sei, alle potenziellen Auslöser Nicks gegenkonditioniert zu haben: „Gibt es in den Situationen, in denen er gebissen hat, ungewöhnliche Reize?" Gemeinsam analysierten wir den Kontext der Beißvorfälle und entdeckten mehrere mögliche Faktoren. Besonders fiel uns auf, dass beide Freundinnen Wein getrunken hatten, bevor sie gebissen wurden. Sie waren nicht betrunken, hatten aber jeweils ein Glas intus. Nicks gehemmte Bisse traten nicht auf, als meine Freunde ankamen, sondern erst, nachdem sie eine Zeitlang hier gewesen waren, etwas Wein getrunken hatten und dann über den neben ihnen am Boden liegenden Hund hinweg stiegen. War es möglich, dass der Geruch von Alkohol an einem Menschen Nicks Bisse provozierte? Bevor Nick in das Trainingsprogramm des Gefängnisses aufgenommen wurde, hatte er als Streuner auf der Straße gelebt. Hatte er negative Erfahrungen mit Menschen gemacht, welche nach Alkohol rochen? Bis meine Tierärztin mich auf diese Möglichkeit hinwies, hatte ich nicht daran gedacht, dass auch für Menschen nicht wahrnehmbare Gerüche Verhalten auslösen können. Ihre Vermutung, dass der Alkoholgeruch der Schlüssel zu Nicks Problemen sein könne, ermöglichte es mir, seine Gegenkonditionierung weiter auszubauen. Nachdem die entsprechenden Trainingseinheiten Alkohol erforderten, waren sie bei meinen Freunden sehr beliebt!

Meine Kollegin wies mich auf zwei weitere Faktoren hin: 1) Beide Beißvorfälle waren im Wohnzimmer aufgetreten – einem Raum, in dem ich nur selten Besucher empfing. 2) Das Licht im Wohnzimmer war schummrig. Seither fällt mir vermehrt auf, dass auch aggressive Vorfälle unter den Hunden meiner Klienten verstärkt während der Dämmerung oder zu einem Zeitpunkt auftreten, zu dem es draußen dunkel ist, im Haus jedoch kein Licht eingeschaltet wurde.

Ich arbeitete daran, Nicks Assoziationen zu diesen Auslösern zu ändern, und er hat seit sieben Jahren niemanden mehr gebissen. Was ich abgesehen von der Freude, mein Leben mit einem liebenswerten und in den meisten Situationen selbstbewussten Hund zu teilen, an dieser Erfahrung am meisten schätze, ist, dass sie mir zwei verschiedene Modelle im Umgang mit unerwünschten bzw. gefährlichen Verhaltensweisen aufzeigte: Eines basiert auf Kontrolle und Rationierung von Privilegien und Freiheiten; das andere auf dem Gegenkonditionieren von Auslösern unerwünschten Verhaltens und dem Training von Alternativverhalten. Während die beiden Modelle einander nicht ausschließen, setzen sie doch ganz andere Schwerpunkte.

Ichthogramm

Nachdem ich in einem Moment der Hilflosigkeit meinen eigenen Standard-Ratschlag erhalten und diesen nicht als hilfreich empfunden hatte, ging es mir nicht gut. Ich musste meine Trainingstipps überdenken! Also beschloss ich, mich selbst und meinen Umgang mit meinen Hunden eine Woche lang genau zu beobachten. Die nächsten sieben Tagen über schrieb ich mit, welche Dinge Effie und Nick im Alltag „umsonst" bzw. ohne Gegenleistung erhielten. Im Grunde stellte ich eine Art Ethogramm, das heißt eine quantitative Beschreibung der Verhaltensweisen eines Tieres, über mich selbst auf: Wie und wann ließ ich meinen Hunden Verstärker zukommen? Meine Beobachtungen ergaben, dass ich im Sinne einer „Ohne Fleiß kein Preis"-Philosophie im Training meiner Hunde jämmerlich versagte. Sie erhielten täglich jede Menge Liebe von mir, ohne sich diese erst verdienen zu müssen. Offenbar überschüttete ich meine Kunden seit Jahren mit Ratschlägen, an die ich mich selbst nicht hielt!

Widersprachen die Resultate meines Ethogramms dem „Ohne Fleiß kein Preis"-Konzept tatsächlich, oder waren meine eigenen Hunde einfach alt und erfahren genug, um die Regeln des Zusammenlebens lockerer zu sehen? Waren Effie und Nick an einem Punkt angekommen, an dem sie sich auch dann richtig verhielten, wenn sie sich nicht alle Ressourcen erst verdienen mussten? (Die Definition von „richtig verhalten" liegt im Auge des Betrachters. Mir persönlich ist es wichtig, dass das Verhalten meiner Hunde mir selten auf die Nerven geht oder mir Sorgen bereitet. Anderer würden wahrscheinlich meinen, dass Effie und Nick noch viel zu lernen hätten.) War es also möglich, dass meine Hunde die

Notwendigkeit, für jedes Privileg erst zu arbeiten, hinter sich gelassen hatten? Durchaus, ja. In diesem Fall sollten wir das „Ohne Fleiß kein Preis"-Prinzip jedoch als Übergangslösung definieren und klare Regeln dafür aufstellen, ab wann darauf verzichtet werden kann.

Oder hatte ich es als Tiertrainerin und Verhaltensberaterin – im Gegensatz zu Nullachtfünfzehn-Hundehaltern – einfach nicht nötig, mich an dieses Trainingsprinzip zu halten? Nein. Ich kann mich nicht einfach über ein grundlegendes Prinzip des Zusammenlebens hinwegsetzen, während meine Kunden – „gewöhnliche Hundehalter" (eine abwertende Bezeichnung, die wir vermeiden sollten!) sich daran halten müssen. Diese Doppelmoral impliziert, dass ich mir aufgrund meines größeren Wissens Dinge erlauben könne, die dem Durchschnittshundehalter nicht möglich sind. Tatsächlich aber haben weder mein Wissen noch meine Erfahrung Auswirkungen darauf, wie Verhalten modifiziert werden kann. Ein gutes Trainingsprotokoll gilt für alle Hunde gleichermaßen – auch wenn sich manche Menschen bei dessen Umsetzung leichter tun als andere. Es wäre nicht fair, zu sagen, dass ich (eine Expertin) meinen Hunden jederzeit alles erlauben darf, während Sie (ein Laie) immer erst etwas von Ihrem Hund verlangen müssen.

Nachdem ich mich eine Woche lang selbst beobachtet hatte, erzählte ich einer langjährigen Kollegin – einer erfolgreichen und erfahrenen Trainerin –, was ich herausgefunden hatte: Meine Hunde erhielten jede Menge Streicheleinheiten, Küsse, Aufmerksamkeit und Futter, ohne erst einen Befehl auszuführen. Sie grinste: „Klingt, als hättest du ein neues Trainingsprogramm erfunden: freie Liebe!"

Der Trainer als Gefängniswärter

Das folgende Erlebnis hat auf den ersten Blick wenig mit meiner Trainingsphilosophie zu tun. Jedoch trug es sich zur selben Zeit zu und gab mir das Gefühl, das Universum wolle unbedingt, dass ich das „Ohne Fleiß kein Preis"-Konzept gründlich überdenke. Im Juni 2004 hörte ich im Radio die Nachrichten der BBC: „Die US-amerikanische Kommandantin im Mittelpunkt des irakischen Gefangenenskandals sagt, sie hätte den Auftrag gehabt, die Gefangenen wie Hunde zu behandeln.

Brigadier General Janis Karpinski, die Leiterin der Militärpolizeieinheit Abu Ghraibs und weiterer Gefängnisse, sagte in einem BBC-Interview, dass man sie zum Sündenbock für den Misshandlungsbefehl ihrer Vorgesetzten mache. Major General Geoffrey Miller, der Leiter der irakischen Gefängnisse, dem Guantanamo Bay unterstellt war, habe sie in Baghdad besucht und gesagt: „In Guantanamo haben wir gelernt, dass die Gefangenen sich alles verdienen müssen. Sie sind wie Hunde. Kommen sie auf den Gedanken, mehr als ein Hund zu sein, haben Sie die Kontrolle verloren!'"

Dieser Nachrichtenbericht ist in vielerlei Hinsicht verstörend. Was mir jedoch besonders auffiel, war Major General Millers selbstverständliche Überzeugung, dass Hunde „sich alles verdienen müssen" und die Annahme, dass sich daraus ein geeignetes Modell für den Umgang mit Häftlingen ableiten ließe. Ich dachte an die Trainingspläne, die ich im Laufe der letzten Jahre an meine Kunden verteilt hatte. Hatte ich damit etwa selbst die altmodische Überzeugung weitergegeben, wie potenziell problematische Hunde und Menschen kontrolliert werden sollten? Das will ich meinen Kunden oder der Gesellschaft im Allgemeinen definitiv nicht mit auf den Weg geben! Die strenge, auf Zwang basierende Beziehung eines Gefängnisaufsehers zu den Insassen ist das Gegenteil der Freude, der Liebe und des Vertrauens, die ich mir zwischen Mensch und Hund wünsche! Beachten Sie auch, welche Annahme zwischen den Zeilen des Zitats von Major General Miller mitschwingt: Würden die Häftlinge nicht in jeder Hinsicht streng kontrolliert und müssten sich jedes Privileg (auf eine nicht näher definierte Art) verdienen, so würde Chaos ausbrechen.

Bedingungslose Liebe?

Ein weiterer Strang im Geflecht meiner Erfahrungen und Gedanken jener Monate sollte dazu führen, dass ich einen bisherigen Grundpfeiler meiner Trainingsphilosophie endgültig über Bord warf: Liebe, die man sich erst verdienen muss, widerspricht meinen tiefsten, unumstößlichen Überzeugungen. Liebe ist ein Geschenk, eine Gabe. Sie hat kein Preisschild und geht weit über unseren Verstand und die Buchhaltung erwünschten und unerwünschten Verhaltens hinaus, welche allen auf Belohnungen beruhenden Systemen zugrunde liegt.

Diese tiefe, grundlegende Überzeugung erwuchs aus der langsamen Transformation meines Herzens und meines Weltbilds. Zu verdanken habe ich sie zwanzig Jahren Predigten der prophetischen und poetischen Jesuitenpriester meiner Gemeinde. Mich fasziniert die simple Wahrheit, die mir viele Jahre des Hörens weiser Prediger, Gebete und die Teilnahme an SEEL (der neunmonatigen Exerzitien der St.-Ignatius-Loyola-Gemeinde) zu erkennen gaben: Wertvoll zu sein hat nicht das Geringste damit zu tun, Liebe zu „verdienen".

Ich kann Gottes Liebe genauso wenig durch gutes Verhalten gewinnen wie ich sie durch schlechtes Verhalten verlieren kann: Gott liebt mich darum, weil es Gottes Natur ist, zu lieben. Ein weiteres Zitat von Bruder Richard Rohr: „Alles, was Gott gibt, erfahren wir als unverdiente Gnade und niemals als Lohn, Verdienstabzeichen oder Belohnung. Fühlt sich etwas so an, als hätten wir es verdient, so kommt es nicht von Gott und führt auch nicht zu Wachstum von Herz, Verstand oder Seele."

Ich verbrachte hunderte Sonntagvormittage in der vierten Kirchenreihe links – und irgendwann konnte ich meine in der Kindheit erworbene Vorstellung von Gott nicht länger aufrechterhalten. Gott war kein Aufseher, der in seiner Allmacht und Allwissenheit über jede meiner Bewegungen Buch führte! Er zählte nicht all meine Fehler und kalkulierte, ob ich es wert war, geliebt zu werden!

Ich war also zu der Überzeugung gelangt, dass wir Menschen von Gott ganz ohne Gegenleistung geliebt werden – ganz gleich, ob wir uns gut, schlecht oder gleichgültig verhalten. Wie ließ sich das damit vereinbaren, Menschen zu lehren, dass sich ihre Haustiere Liebe und alle anderen guten Dinge im Leben verdienen müssten? Der Widerspruch war deutlich.

Ich versuchte auf verschiedene Art und Weise, diesen kognitiv aufzulösen. Erst ging ich davon aus, dass das Prinzip der bedingungslosen Liebe nur für Menschen gelte: Ist Gottes Gnade auf uns Menschen beschränkt, so müssen wir, wenn auch wir Gottes Modell der bedingungslosen Liebe leben wollen, nur unsere Mitmenschen berücksichtigen.

Eine Zeitlang gab ich mich mit dieser Erklärung zufrieden. Dann musste ich zugeben, dass sie all meinen Überzeugungen zu immanentem

Wert und Würde und aller Geschöpfe widersprach. Vielleicht hat Gott uns tatsächlich in seinem Ebenbild geschaffen – aber wir haben kein Monopol auf die heilige Verkörperung der Seele. Ich habe mein gesamtes erwachsenes Leben in tiefer Verbundenheit mit den verschiedensten Tieren verbracht – Hunden und Delfinen, Walen und Walrossen. Ich schätze sie als Zeichen Gottes unermesslicher Liebe für uns Menschen und bin dankbar, die Tiere unter meinen besten spirituellen Lehrern zu wissen. Liebt uns der Schöpfer unabhängig von unseren Taten, so nehme ich an, dass dieselbe Gnade allen Geschöpfen zuteil wird.

Mein erster Versuch, die kognitive und spirituelle Dissonanz aufzulösen – die Erklärung, dass bedingungslose Liebe nur für Menschen gelte – fühlte sich zutiefst falsch an.

Ich stellte eine alternative Theorie auf: Was, wenn wir beschlössen, unseren Hund bedingungslos zu lieben, ihm aber trotzdem keine unverdienten Belohnungen gäben? Konnten wir unsere Tiere auf einer abstrakten Ebene lieben, uns in der Praxis aber dennoch vom „Ohne Fleiß kein Preis"-Prinzip leiten lassen? Ich bin mir sicher, dass es sich für die meisten Menschen tatsächlich so verhält. Sie lieben ihre Hunde, haben aber zugleich das Bedürfnis, sich an die Regeln und Strukturen einer Philosophie zu halten, in welcher Hunde sich den Ausdruck unserer Zuneigung verdienen müssen.

Dieser Ansatz gefällt mir in der Theorie allerding besser als in der Praxis. Eine Weile gab ich mich mit dieser Erklärung zufrieden. Dann musste ich einsehen, dass Liebe sich in Taten zeigt, nicht bloß in der inneren Einstellung. Zu lieben ist keine abstrakte Idee, sondern ein Verb. Wer liebt, hat nicht nur entsprechende Absichten, sondern verleiht diesen Ausdruck, zeigt seine Liebe und verhält sich liebevoll. Was ich gegenüber meinem Hund oder anderen Geschöpfen (auch Ehemännern!) empfinde, ist nichtig, wenn ich mein Gegenüber zwanghaft kontrollieren will.

Haben Sie schon einmal eine Situation erlebt, in der die beste Lösung darin bestand, jemandem Liebe zu verweigern? Denken Sie an die schönste Beziehung, die Sie je hatten. Haben Sie über die Fehler und

Verdienste des anderen Buch geführt? Gute Beziehungen sagen nicht: „Was gibst du mir im Gegenzug für mein Geschenk?“ oder „Tut mir leid, aber heute verdienst du mein Lächeln, meine Berührung, meine Aufmerksamkeit nicht!“ Starke, tief befriedigende Beziehungen sind emotional viel offener.

Spontaneität, Großzügigkeit und die pure Freude des Zusammenseins mit Tieren vertragen sich nicht mit der Einstellung, dass Hunde nichts umsonst bekommen dürfen. Die strikte Kontrolle der gesamten Verstärkerpalette eines Tieres kann zu einem traurigen Ersatz für die Gegenseitigkeit und das herrliche Durcheinander einer tatsächlichen Beziehung werden.

Ich fand mich also meinen persönlichen Erfahrungen mit einem beißenden Hund, dem Ergebnis meiner ethologischen Selbststudie und dem beunruhigenden Zitat über die Gefangenen in Abu Ghraib gegenüber. Dazu kamen mein wachsender Glaube und, gespeist von Gebet und Liturgie, die langsame Transformation meiner eigenen zwanghaften Natur. Ich kam zu dem Schluss, dass die Rationierung von Liebe und Aufmerksamkeit – der grundlegendsten aller Verstärker – kein idealer Trainingsansatz sein konnte.

Ich bin nicht nur eine gläubige Frau, der es wichtig ist, ihre Überzeugungen auch im Umgang mit Tieren zu leben, sondern auch eine Wissenschaftlerin und Verhaltenstrainerin (ACAAB). Meine Entscheidung, das „Ohne Fleiß kein Preis“-Prinzip in Zukunft nicht mehr anzuwenden, wirkte sich auch auf die Ratschläge aus, die ich meinen Kunden gebe. Natürlich konnte ich schlecht sagen, dass der Schlüssel zum Erfolg darin läge, ihre Hunde einfach nur zu lieben. Ich musste ihnen zeigen, wie sich die Verhaltensprobleme ihrer Hunde praktisch lösen ließen – und zwar ohne auf die Rationierung von Privilegien zurückzugreifen.

Bevor wir uns konkreten Alternativen zuwenden, wollen wir uns etwas näher mit der Herde heiliger Kühe befassen, die viele von uns – Hundehalter wie Trainer – in ihrem Stall stehen haben. Besonders zwei Beispiele von Belohnungs-Rationierungsprogrammen wollen wir uns im Detail ansehen.

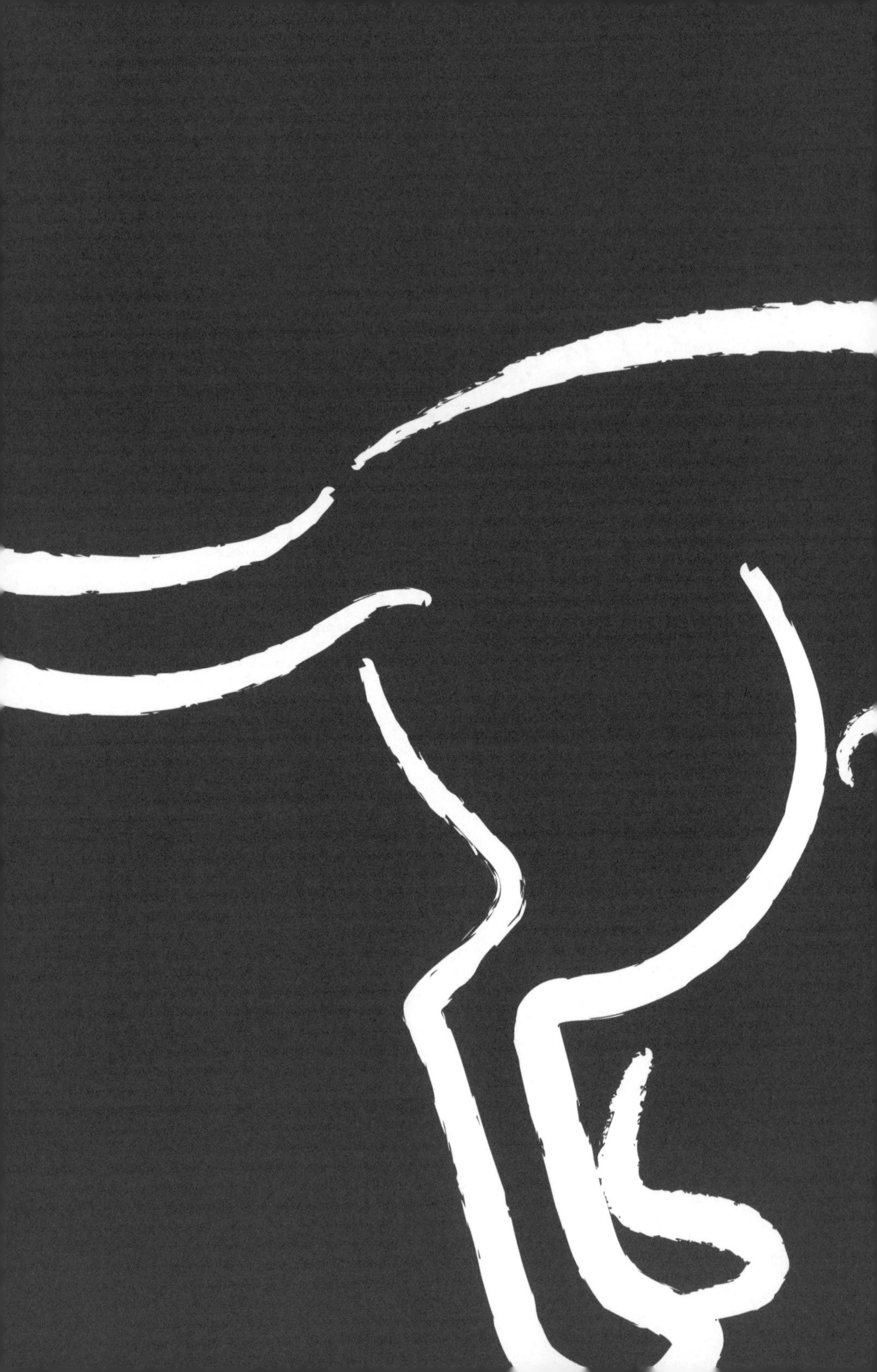

Kapitel 3

Von Hunden und heiligen Kühen

Bevor wir den Nutzen einer „Ohne Fleiß kein Preis"-Trainingsphilosophie genauer unter die Lupe nehmen, wollen wir uns mit der Vorstellung anfreunden, unsere oft schwarz-weißen Standpunkte durch Grautöne zu bereichern.

Eine haarige Angelegenheit

Zwei Jahre nach meiner abenteuerlichen Rehabilitation Nicks hatte ich eine überraschende Erleuchtung, die meiner Bereitschaft, Dinge, die uns „der Hausverstand" zu glauben nahelegt, kritisch unter die Lupe zu nehmen. Diese hatte mit dem Schlachten einer heiligen Kuh – einer jener Ideen, die so fest in unserem Alltag verankert sind, dass wir sie kaum hinterfragen – zu tun. Worum es sich bei dieser scheinbar selbstverständlichen Wahrheit handelte?

Schamponieren. Drei Minuten einwirken lassen. Ausspülen.

Während der Kaffeepause meines Seminars in New York bemerkte Parvene Farhoody, eine Freundin und ausgezeichnete Trainerin: „Du bist ein Curly Girl!" „Huh? Ist das eine Beleidigung?", fragte ich. „Wie meinst du das?" Parvene berichtete mir von dem Haarpflegeprogramm, das Lorraine Massey in ihrem großartigen Buch *Schöne Locken* vorstellt. Dabei handelt es sich um eine radikale Methode zur Pflege von lockigem Haar, welche ohne Bürsten, Kämme und Föns sowie mit wenig oder gar keinem Shampoo auskommt. Ich dachte: „Du bist verrückt! Natürlich wasche ich meine Haare!" Parvene erklärte mir geduldig, wie Shampoo Locken schädigt, woraufhin ich zu lesen, zu recherchieren und zu experimentieren begann.

Mit Parvenes Unterstützung aus der Ferne konvertierte ich bald zur Curly-Girl-Methode. Mit wenigen Ausnahmen (hauptsächlich aufgrund unkooperativer Friseure) hat mein Haar seit fünf Jahren kein Shampoo mehr gesehen. Jetzt, wo ich nur Wasser und Conditioner verwende, sind meine Locken gesünder und schöner. Ich bereue, mein Leben lang Geld für ebenso teures wie unnötiges Shampoo ausgegeben zu haben – ich war der allgegenwärtigen Werbung auf den Leim gegangen, die Seifenlauge mit „sauber und glänzend" gleichsetzt. Mittlerweile bin ich eine Art Botschafterin für die Curly-Girl-Methode und erkläre jedem, der sich dafür interessiert, Lorraine Masseys unkonventionellen Zugang zur Haarpflege. (Als ich diese Geschichte vor Kurzem in Dänemark einer Gruppe von über hundert Trainern erzählte, baten mich mehrere Kollegen, im Anschluss mit ihnen essen zu gehen – nicht um über Hunde, sondern um über Haare zu sprechen.)

Die überraschende Haarpflege-Erleuchtung rüttelte mich richtiggehend wach und führte zu einem neuen Hobby: Seither halte ich liebend gern nach heiligen Kühen (oder auch Bullen) Aussicht. Diese zu entdecken und kritisch zu betrachten könnte problemlos ein Vollzeitjob sein. Für mich ist es ein Spiel: Welche anderen Überzeugungen habe ich nie hinterfragt, obwohl sie vielleicht gar nicht wahr sind? Was habe ich mir einzig und allein darum angewöhnt, weil alle anderen es auch so machen?

Der (un)gesunde Menschenverstand

So manches, was wir über Gesundheit und Wohlbefinden zu wissen meinen, widerspricht den wissenschaftlichen Erkenntnissen. So traute ich etwa meinen Augen kaum, als ich in Michael Pollans Buch *Lebens-Mittel* las, dass die Lipidhypothese (die Theorie, dass das Fett in unserer Nahrung chronische Erkrankungen verursache) kaum wissenschaftlich haltbar sei. Unmöglich! Das konnte nicht stimmen. Wir *wissen*, dass das Fett in unserer Nahrung Herzprobleme, Krebs und Übergewicht auslöst – oder etwa nicht? Anscheinend wissen wir dies tatsächlich nicht.[2] Aber obwohl meine kritischen Recherchen dieser hitzigen Kontroverse bestätigen, dass sich das Marketing fettreduzierter Produkte auf äußerst spärliche Daten stützt, gelingt es mir bis heute nicht, mich im Supermarkt für die Voll- anstatt die Halbfettmilch zu entscheiden.

Ein weiteres Dogma, das uns allen vertraut ist: Sonnenlicht ist ungesund. Das ist zweifellos wahr – oder etwa doch nicht? Wer ist nicht mit dem allgegenwärtigen Rat vertraut, jeden Quadratzentimeter nackter Haut mit starker Sonnenschutzcreme einzureiben, bevor wir uns

2 Siehe zum Beispiel Gary Taubes' New-York-Times-Artikel „What If It's All Been A Big Fat Lie?" vom July 2002 (http://nyti.ms/161Ldv).

nach draußen wagen? Nun, Sonnencreme reduziert die Fähigkeit unseres Körpers, Vitamin D und mindestens fünf weitere Stoffe, welche wir nicht über die Nahrung aufnehmen können, zu produzieren. Eine Creme mit Schutzfaktor 8 reduziert die Vitamin-D-Synthese bereits um ganze 90 Prozent. Dr. Michael R. Eades bringt auf seinem faszinierenden Blog unsere Gewissheiten ins Wanken: „Es gibt keinen Beweis dafür, dass zu viel Sonnenlicht Melanome verursacht. Die Daten zeigen im Gegenteil, dass regelmäßige Sonneneinstrahlung und Vitamin D Melanome zu verhindern scheinen."[3] Können wir wirklich dermaßen falsch liegen? Laufen wir gerade dann Gefahr, an Hautkrebs zu erkranken, wenn wir die Sonne meiden?

Ich bin keine Ärztin und kann Ihnen natürlich auch keine medizinischen Ratschläge geben. Vielmehr möchte ich darauf hinaus, dass ich aus allen Wolken fiel, als ich zugeben musste, dass das auch von mir nie hinterfragte medizinische Allgemeinwissen möglicherweise gar nicht auf Tatsachen beruht.

Mythos Hierarchie

Eine andere berühmte heilige Kuh besteht darin, dass Hundebesitzer in ihrem aus Zwei- und Vierbeinern bestehenden Familienrudel den Alphastatus innehaben müssten. Lassen Sie uns diese Annahme unter die Lupe nehmen.

In ihrem Buch *Was bleibt: Wie die richtige Story Ihre Werbung unwiderstehlich macht* erklären Chip und Dan Heath, welche Faktoren darüber entscheiden, ob uns eine Geschichte im Gedächtnis bleibt oder nicht. Ihrer Analyse zufolge erinnern wir uns an Dinge, die einfach, unerwartet, konkret und glaubwürdig sind, unsere Gefühle ansprechen und in eine Geschichte verpackt sind. Ein Paradebeispiel sind Gerüchte wie etwa die US-amerikanische Legende, dass in New York in der Kanalisation lebende Krokodile über das WC ins Badezimmer unschuldiger Bürger gelangen.

3 *Siehe Eades' Blogbeitrag Heliophobe Madness auf http://bit.ly/d3n0C9.*

Eine weitere Geschichte, die uns im Gedächtnis bleibt, handelt davon, dass Hunde im Grunde domestizierte Wölfe wären und uns Menschen für Mitglieder ihres hierarchisch strukturierten Rudels halten. Diese Geschichte ist einfach (man stellt sich die Rudelstruktur als lineare Hierarchie von Alpha- über Beta- bis hin zu Omega-Tieren vor), unerwartet (Stellen Sie sich vor, in Ihrem Wohnzimmer säße der direkte Nachkomme eines wilden Wolfes!) und konkret (Wir alle kennen Dokumentarfilmclips, in denen ein Rudel Wölfe einen Elch erlegt). Die moderne Legende rund um den Hund ist so fest in unserer Vorstellung verankert, dass man ihr kaum den Garaus machen kann, obwohl sie auf einer ganzen Reihe von Missverständnissen beruht:

1. **Wild lebende Wölfe schließen sich zu hierarchisch strukturierten Rudeln zusammen, deren Mitglieder um die Alpharolle konkurrieren.**
   Nun – nicht unbedingt. Vielleicht nicht einmal besonders oft. Die gängige Theorie zum Sozialleben der Wölfe geht auf Beobachtungen zurück, die an in Gefangenschaft lebenden Wolfsgruppen durchgeführt wurden. Diese Gruppen bestanden aus Tieren, die nicht miteinander verwandt waren und von unterschiedlichen Orten stammten. Freilebende Wölfe hingegen leben in Familiengruppen zusammen. Nachdem der Wolfsethologe Dr. L. David Mech die wissenschaftliche Literatur gesichtet und dreizehn Sommer lang frei lebende Wölfe auf einer Insel in den kanadischen Northwest Territories beobachtet hatte, kam er zu dem Schluss, dass die soziale Interaktion der Rudelmitglieder der Dynamik innerhalb anderer Gruppen miteinander verwandter Individuen gleicht (siehe Lesetipps im Anhang.) Im Grunde ist das typische Wolfsrudel eine Familie, in welcher die Eltern das Verhalten der jüngeren Mitglieder lenken. Priorität hat nicht das Wetteifern um eine dominante Rolle, sondern die Aufzucht und Erziehung der Jungtiere.

2. **Als nahe Verwandte des Wolfes bilden auch Hunde hierarchisch strukturierte Rudel, deren Mitglieder um die Alpharolle konkurrieren.**

In der Tat sind Hund und Wölfe (genauso wie Hunde und Kojoten) genetisch nahezu identisch. Aus ökologischer Sicht gelten sie jedoch als unterschiedliche Arten, weil sie sich an unterschiedliche Lebensräume – besser gesagt unterschiedliche Nischen – angepasst haben. Das heißt, dass sie ihren Lebensunterhalt nicht auf dieselbe Art und Weise verdienen: Wölfe töten Beutetiere, während Hunde in Partnerschaft mit dem Menschen leben.

Aktuelle Studien zur Evolution des Hundes widersprechen der älteren Theorie, dass unsere Vorfahren wilde Wölfe zähmten und zu Wach- und Jagdhelfern ausbildeten. Wahrscheinlicher scheint es, dass der Hund nicht das Resultat der bewussten Zuchtauswahl durch den Menschen, sondern natürlicher Selektion ist: Die wölfischen Vorfahren erschlossen sich eine neue ökologische Nische – die Müllhalden unserer Ahnen, welche sich vor etwa 15.000 Jahren, am Ende der letzten Eiszeit, in dauerhaften Siedlungen niederzulassen begannen. Die Wölfe fanden eine neue Futterquelle: Sie konnten in den Müllbergen nach Essensresten suchen. Jene Individuen, die selbst dann weiterfraßen, wenn sich Menschen näherten, hatten einen reproduktiven Vorteil gegenüber ihren flüchtenden Artgenossen. Die weniger scheuen Wölfe zogen sich nicht zurück, wenn sie einen Menschen wahrnahmen, und fraßen daher mehr. Über viele Generationen hinweg entstand daraus eine Verhaltensweise, die den Hund deutlich vom Wolf unterscheidet: Hunde suchen die Nähe zum Menschen, anstatt diesen zu meiden.

Diese Version der Evolutionsgeschichte wurde von Dr. Raymond und Lorna Coppinger (siehe Lesetipps im Anhang) bekannt gemacht. Der abfallfressende Proto-Hund als Protagonist auf der Müllhalde (man stelle sich eine „große Ratte" vor) ist deutlich weniger sexy als der von unseren intelligenten Vorfahren gezähmte noble Wolf. Dennoch kommt dieser Geschichte in Hinblick auf modernes Hundetraining große Bedeutung zu: Straßenhunde bilden keine hierarchisch strukturierten Rudel, genauso wenig wie sie kooperativ jagen. Artgenossen sind Konkurrenten auf der Suche nach Essensresten; daher leben sie alleine oder in Gruppen von zwei oder drei Tieren.

3. **Hunde sehen Menschen als Mitglieder ihres hierarchisch strukturierten Rudels.**
   Obwohl eine Fülle an Daten auf das Gegenteil hindeutet, glauben viele Menschen nach wie vor, dass Hunde statische lineare Hierarchien eingehen und Individuen entweder dominant (d.h. Alphatiere) oder submissiv (d.h. Omegatiere) sind. Viel zu viele Trainer ziehen finanziellen Nutzen aus diesem hartnäckigen Gerücht: Sie argumentieren, dass sich Verhaltensprobleme lösen ließen, indem der Halter sich gegenüber seinem Hund als „Alpha" und Rudelführer durchsetze. Unzählige Hundebesitzer verschwenden Zeit und Mühe darauf, sich an vermeintlich unumgängliche Regeln – zum Beispiel „Iss immer erst selbst, bevor du deinen Hund fütterst" – zu halten. Dieselbe Zeit könnte für simples, effektives Training – zum Beispiel das Verstärken erwünschter Verhaltensweisen – genutzt werden! Oft wenden Halter auch physischen Zwang an und schütteln ihren Gefährten im Nacken, drehen diesen auf den Rücken oder umfassen seine Schnauze mit der Hand, weil „Experten" im Fernsehen, in Büchern oder online behaupten, dass Alphawölfe auf diese Art ihre Untergebenen disziplinieren würden.
   Selbst wenn Hunde stabile lineare Rudel bilden würden (was so gut wie nie der Fall ist), ist es fraglich, ob sie uns Menschen als Teil ihrer innerartlichen Hierarchie wahrnehmen würden. Menschen sind auch kaum dazu in der Lage, die eleganten und subtilen körpersprachlichen Signale der Hunde zu erkennen – ganz zu schweigen davon, diese selbst zu replizieren. Es ist also ausgesprochen unwahrscheinlich, dass Hunde uns jemals für „Rudelmitglieder" halten würden.

Ich will Ihnen eine alternative, ebenfalls einprägsame Geschichte erzählen. Hunde sind liebenswerte Plünderer. Die Evolution hatte zur Folge, dass sie auf unsere Essensreste als Nahrungsquelle angewiesen sind. Das Konzept des Menschen, der den Hund füttert, bildet die Basis eines belohnungsbasierten Trainingsansatzes. Nachdem sich selbst Wölfe zu Familiengruppen zusammenschließen, können auch wir versuchen, keine dominanten Rudelführer, sondern gute „Eltern“ zu sein: Wir kümmern uns liebevoll um sie und bringen ihnen Neues bei. Unsere Gefährten brauchen uns!

Ohne Fleiß kein Preis!

In der Trainingsliteratur finden sich zahlreiche Spielarten einer „Ohne Fleiß kein Preis“-Philosophie. Manche Ansätze sind äußerst streng – darunter Dinge wie „Rangreduktion“ oder „Rudelführertraining“ –, während andere Namen wie „Bitte sagen lernen“ oder „Für jede Mahlzeit arbeiten“ tragen und flexibler und weniger restriktiv sind. Jede dieser Techniken setzt einen anderen Schwerpunkt und hat ihren eigenen verhaltenswissenschaftlichen Hintergrund. Ihnen allen sind jedoch folgende Elemente gemeinsam:

- Alle positiven Verstärker (d.h. alle Privilegien) müssen vom Menschen kontrolliert werden. Dazu gehören Futter, Spielzeug, Aufmerksamkeit, Streicheleinheiten, Liebe, gemeinsames Spiel, die Erlaubnis, nach draußen zu laufen, auf einem Lieblingsplatz zu schlafen oder soziale Kontakte zu pflegen und mehr.

- Der Hund darf nur dann einen Verstärker erhalten, wenn er zuvor ein verbales oder körpersprachliches Kommando (d.h. einen Reiz, der eine Gelegenheit zum Vermeiden von Strafe ankündigt) oder Signal (d.h. einen Reiz, der eine Gelegenheit zum Verdienen eines Verstärkers ankündigt) ausgeführt hat. Häufig handelt es sich bei dem Kommando oder Signal um eine Aufforderung zum Sitzen.

- Der Trainingsplan hat das erklärte Ziel, dem Hund beizubringen, Menschen jeden Alters als Rudelführer anzuerkennen.

- Manche der Trainingspläne haben zusätzlich das erklärte Ziel, dem Hund seine Stellung im Familienrudel (den Menschen untergeordnet) zuzuweisen.

Beispiel 1

Ein repräsentatives Beispiel für ein solches Trainingsprotokoll findet sich im Artikel *Im Leben gibt es nichts umsonst* (*Nothing in Life is Free*) auf der Website der Dumb Friends League (www.ddfl.org/sites/default/files/nilif.pdf). Ich zitiere nicht darum aus diesem Artikel, weil er besonders unerhört wäre, sondern weil er konkret und klar formuliert ist und von einer renommierten Organisation publiziert wurde. Das gesamte Protokoll kann online nachgelesen werden.

„Im Leben gibt es nichts umsonst" ist kein Wundermittel zur Lösung eines konkreten Verhaltensproblems, sondern eine Lebensphilosophie für den Alltag. Diese hilft Ihrem Hund, sich richtig zu verhalten, weil er auf Sie als Rudelführer vertraut und seine eigene Position in Ihrer Familie ganz genau kennt.

„Im Leben gibt es nichts umsonst" in der Praxis:

- Bringen Sie Ihrem Hund mittels positiver Verstärkung einige Kommandos und/oder Tricks bei. „Sitz", „Platz" und „Bleib" stellen nützliche Kommandos dar; bei „High Five", „Gib laut" und „Rolle" handelt es sich um lustige Tricks.

- Kennt Ihr Hund einige Kommandos, können Sie beginnen, „Im Leben gibt es nichts umsonst" anzuwenden. Bevor Ihr Hund etwas von Ihnen bekommt (Futter, ein Leckerchen, einen Spaziergang, Streicheleinheiten), muss er erst eins der Kommandos ausführen ...

- Geben Sie das Kommando und warten, bis Ihr Hund gehorcht. Erst dann bekommt er, was er möchte. Weigert er sich, das Kommando auszuführen, gehen Sie weg und versuchen es in einigen Minuten erneut. Seien Sie geduldig, wenn Ihr Hund nicht folgt, und erinnern Sie sich daran, dass er dies früher oder später tun muss, um zu bekommen, was er will.

- Stellen Sie sicher, dass Ihr Hund das Kommando gut kennt. Er muss verstehen, was Sie von ihm erwarten, bevor Sie mit dem „Im Leben gibt es nichts umsonst"-Programm beginnen.

Warum diese Technik funktioniert:
Tiere, die in Gruppen leben – darunter auch der Hund – halten sich an eine soziale Struktur, die als Dominanzhierarchie bezeichnet wird. Die Hierarchie erhält die Ordnung aufrecht, reduziert Konflikte und animiert die Rudelmitglieder zur Kooperation. Damit Ihr Zuhause ein sicherer und glücklicher Ort für Haustiere und Menschen ist, sollten die menschlichen Familienmitglieder die obersten Positionen im Rudel einnehmen. „Im Leben gibt es nichts umsonst" im Alltag lässt Ihren Hund auf effektive und sanfte Art und Weise wissen, dass er in der Rangordnung unter Ihnen steht. Aus Sicht Ihres Hundes haben auch Kinder eine bestimmte Stellung in der Hierarchie. Weil Kinder klein sind und auf Augenhöhe mit dem Hund spielen können, werden diese von Hunden oft als Spielgefährten anstatt höhergestellte Rudelmitglieder gesehen. Es empfiehlt sich, Kinder (ab dem Alter von acht Jahren) unter Aufsicht eines Erwachsenen ebenfalls „Im Leben gibt es nichts umsonst" praktizieren zu lassen.

Beispiel 2

Dr. Karen Overalls populäres und umfassendes Nachschlagewerk *Clinical Behavioral Medicine for Small Animals* enthält ebenfalls einen Trainingsplan, der auf dem Prinzip beruht, dass sich der Hund jedes Privileg erst verdienen muss (S. 410–412). Bei Dr. Overall trägt dieses den Titel „Protocol for Deference", was soviel wie „Protokoll zum Erlernen von Respekt" bedeutet. Ich zitiere auch dieses Handout, weil es überzeugend und gut argumentiert ist und die Autorin als unumstrittene Pionierin im Feld der Verhaltensmodifikation bei Haustieren gilt. Auch habe ich selbst Dr. Overalls Handout im Laufe der Jahre an zahlreiche Kunden verteilt. Unzählige Verhaltensberater haben das Nachschlagewerk im Regal stehen und greifen regelmäßig darauf zurück.

Anbei ein kurzer Auszug aus dem „Protokoll zum Erlernen von Respekt“. Ich empfehle Ihnen, den gesamten Trainingsplan in Dr. Overalls Buch nachzuschlagen.

Das Ziel dieses Trainingsplans ist es, eine gute Interaktionsbasis zwischen dem Kunden und seinem Hund zu etablieren und dem Hund beizubringen, dass er Menschen immer Respekt zollen muss, um Aufmerksamkeit zu erhalten. Dies wird dem Hund auf sichere, humane und passive Art und Weise vermittelt und ist schwieriger, als den meisten Kunden bewusst ist. Unterhalten sich Kunden, lesen oder sehen fern, wenn der Hund zu ihnen läuft und sich an sie schmiegt, pfötelt oder sich an ihren Körper lehnt, strecken die meisten automatisch die Hand aus, um ihn zu berühren oder zu streicheln. Der Hund hat soeben die gesamte Interaktion kontrolliert, und es steht 1:0 zwischen Hund und Mensch. Dabei ist den meisten Kunden gar nicht bewusst, dass ihre Signale dem Hund mehr als bloß Zuneigung vermitteln.

Unter keinen Umständen darf der Kunde den Hund berühren, ihm Zuneigung zeigen oder sonstwie mit ihm interagieren – es sei denn, der Hund zeigt Respekt und erwartet geduldig die Aufmerksamkeit des des Menschen. Das wird erreicht, indem der Hund sitzt ...

Für einen Hund, der bereits gelernt hat, zu sitzen, liegt die einzige Herausforderung darin, sein Sitzen jedes Mal zu verstärken, wenn er etwas will. Die Regel lautet: Der Hund muss für den Rest seines Lebens sitzen und sich ruhig verhalten, um das zu bekommen, was er möchte. Unter anderem muss er sich setzen, um folgende Dinge zu erhalten:

- *Futter bzw. Mahlzeiten*
- *Leckerchen*
- *Zuneigung*
- *Bürsten/Fellpflege*
- *die Erlaubnis, nach draußen zu laufen oder ins Haus zu kommen*
- *Leine, Kopfhalfter oder Geschirr anziehen*
- *das Abtrocknen der Pfoten*
- *Auf Bett oder Sofa liegen (sofern der Halter dem Hund dies erlauben möchte)*

- *Spielen und Spielzeug*
- *Zecken entfernen*
- *eine Wunde untersuchen*
- *Gestreichelt und geliebt werden*
- *Aufmerksamkeit*
- *Alles, was der Hund will!*

*... Wann immer die Kunden nicht in der Lage sind, die hier empfohlenen Schritte zu hundert Prozent und mit voller Aufmerksamkeit umzusetzen, empfiehlt es sich, den Hund an einem Ort zu verwahren, an welchem er ignoriert werden kann, ohne ihn dabei zu vernachl*ässigen.

Ist dies der beste Ansatz?

Sind die vorgestellten Beispiele und Empfehlungen notwendig und nützlich, oder handelt es sich dabei um eine heilige Kuh, deren Wahrheitsgehalt wir nie hinterfragt haben? Wir können sogar noch einen Schritt weiter gehen und fragen, ob die vorgestellten Empfehlungen harmlos und unschädlich sind. Könnte es einen besseren Weg geben, um Hundehaltern eine solide Grundlage zur effektiven Verhaltensmodifikation zu vermitteln?

Häufig legen Hundetrainer – ich vermute oft sogar unbewusst – ihren Schülern und Klienten eine Art vermeintlich ebenso nützlichen wie harmlosen „Ohne Fleiß kein Preis"-Trainingsplan ans Herz. Ich bin eine überzeugte Befürworterin gewaltfreier Ansätze in der Verhaltensmodifikation von Hunden, jedoch bin ich nicht mehr davon überzeugt, dass es unbedenklich ist, von unseren Hunden zu erwarten, für jedes noch so kleine Privileg erst zu arbeiten. Mittlerweile glaube ich, dass derartige Philosophien des Zusammenlebens ernsthafte Nebenwirkungen haben können. Aus diesem Grund habe ich meine eigene Arbeitsweise in der Verhaltensmodifikation geändert. Ich möchte meine Gedanken mit Ihnen teilen und auch Sie zum Nachdenken anregen.

Kapitel 4

Alpharolle oder Alpha-Rolle?

Meiner Meinung nach ist es allerhöchste Zeit, uns selbst der letzten Überbleibsel jener Alpha-Mentalität zu entledigen, die das Hundetraining jahrzehntelang dominiert hat. Es ist an der Zeit, zu erkennen, dass erfolgreiches Training auf einer partnerschaftlichen Grundlage, geteilter Freude und beidseitiger Liebe und Zuneigung basieren kann. Mich erstaunt, dass selbst moderne (d.h. auf Basis positiver Verstärkung arbeitende) Trainer oft keine Skrupel haben, strenge Verhaltensregeln für den Alltag aufzustellen, welche darauf hinauslaufen, dass der Hund nichts ohne Gegenleistung erhält. Das Argument dahinter ist wohl oft, dass eine Philosophie des Zusammenlebens automatisch harmlos ist, solange sie ohne *physische* Dominanz auskommt.

Das Paradigma physischer Dominanz ist zur Gänze überholt. Darunter fallen Schütteln im Nacken, erzwungenes Sitzen und Liegen, Leinenkorrekturen und die berühmt-berüchtigte Alpharolle. Von den Mönchen von New Skete wird diese folgendermaßen erklärt: „Packen Sie den Hund fest im Nacken … drehen Sie ihn mit einer kräftigen Bewegung auf den Rücken … Sehen Sie dem Hund in die Augen und schimpfen Sie weiter mit ihm. Halten Sie ihn in Rückenlage, indem Sie mithilfe Ihrer Hand beständigen Druck auf seinen Nacken ausüben und ein Aufstehen verhindern." (*Wie Sie der beste Freund Ihres Hundes werden*, 1978) Die meisten gebildeten Trainer weisen diese Methoden heute zurück. Manche von ihnen halten jedoch immer noch an einzelnen Überbleibseln einer Philosophie fest, welche davon ausgeht, dass immer der Mensch die Zügel in der Hand halten müsse. Mittlerweile vermitteln wir unserem Hund auf freundliche Art und Weise, was er sich erlauben darf und was nicht – wir ziehen und zerren nicht mehr an seinem Körper. Dennoch gehen manche Trainer auch heute noch davon aus, dass ausnahmslos der Mensch das Sagen haben müsse: Der Mensch müsse in der Rangordnung über dem Hund stehen und diesen unter Kontrolle halten. Tatsächlich haben wir die Alpha-Rolle gegen eine Alpharolle eingetauscht: Wir gehen Beziehungen ein, die auf unserer psychologischen Dominanz und der strengen Rationierung unserer Liebe und Zuneigung beruhen, anstatt unsere Hunde körperlich zu unterdrücken.

Kontrolle versus Kommunikation

Philosophien des Zusammenlebens, die darauf beruhen, dass sich der Hund alles verdienen müsse, legen den Schwerpunkt auf das Kontrollieren des Hundes. In der Tat ist es Teil eines jeden Trainingsprogramms, die Verstärker eines Tieres zu managen. Ich fürchte jedoch, dass wir uns selbst viel Freude versagen, wenn wir Kontrolle zum Alpha und Omega im Hundetraining machen und unseren Hunden niemals etwas gönnen, was sie sich nicht erst verdient hätten. Kontrollieren wir Verhalten, ohne eine Beziehung aufzubauen und eine gemeinsame Sprache zu entwickeln, kann der Erfolg trügerisch und vergänglich sein. Lehren wir Hunden hingegen, sich in der Welt zurechtzufinden und durch ihr Verhalten Belohnungen hervorzurufen, so profitieren Zwei- und Vierbeiner gleichermaßen.

Eine Beziehung zu einem Tier, in welcher Kommunikation in beide Richtungen möglich ist, stellt eine süchtig machende, faszinierende und unglaublich schöne Alternative zum strengen Kontrollieren der Tiere dar. Oft beginnen wir ein Trainingsprogramm für einen neuen Hund, indem wir auf der Notwendigkeit von klaren Regeln und Grenzen und deren unmittelbaren Nutzen beharren. Dies kann durchaus angemessen sein – jedoch sollte uns die Philosophie, welche den Hintergrund unseres Trainingsplans bildet, letztendlich über die damit verbundenen Einschränkungen hinausführen.

Ich arbeitete viele Jahre lang als Tierpflegerin und Biologin im Zoo. Ein kleinerer, aber konkreter Grund, der mit dazu beitrug, dass ich die Stelle schließlich aufgab, lag darin, dass ich einen bestimmten Wunsch der Zoobesucher einfach nicht mehr hören konnte: „Sagen Sie den Walen, dass sie springen müssen!“ Ich verstand natürlich, dass die Zuseher am Rande des Beckens sich wünschten, diese wunderbaren Geschöpfe ein athletisches Kunststück vollbringen zu sehen. Mich störte jedoch, was zwischen den Zeilen der Aufforderung mitschwang: unsere Fixierung darauf, Tiere zum Ausführen unserer Kommandos zu zwingen. Es handelte sich um Weißwale, die über eine Tonne wogen. Sie „mussten“

gar nichts, nur weil ich dies wollte! Ich konnte ihnen jedoch ein Signal zum Springen geben: Ich und meine Kolleginnen und Kollegen im Meeressäugertraining taten nichts anderes, als die Wale um einen Sprung zu bitten. In den meisten Fällen reagierten sie umgehend und enthusiastisch – aber sicher nicht darum, weil wir stärker waren oder „Kontrolle“ über sie hatten. Die Wale sprangen schlicht und einfach darum, weil sie sich Heringe erhofften und wussten, dass sie nach dem Sprung von ihrem Trainer auf der Zunge gekrault würden.

Immer wieder tappen wir Menschen in die Falle der Annahme, dass gute Beziehungen auf Macht und Kontrolle beruhen. Reflektieren wir jedoch tiefer, so erkennen wir, dass wir in unseren schönsten Beziehungen problemlos und klar miteinander kommunizieren – ganz gleich ob mit einem Hund, einem Wal, unserem besten Freund oder unseren Kindern. Auf lange Sicht ist Kommunikation mehr wert als Kontrolle.

Emotionale Verbundenheit

Wir Hundetrainer erklären unseren Kunden oft gar nicht, dass das Trainingsziel im Erlernen einer gemeinsamen Sprache für Mensch und Hund bestehen sollte. Schließlich scheinen diese kein Interesse daran zu haben: „Unser Hund soll einfach auf seinem Platz liegen und ruhig sein.“ Wir hören dies und sagen uns achselzuckend: „Okay, wenn das alles ist, was Sie wollen … Schließlich bezahlen Sie mich.“

Tatsächlich wünschen sich viele Hundehalter weit mehr als das, ohne jedoch zu wissen, dass bzw. wie sie danach fragen können. Es ist nur verständlich, dass sie oft nicht über ihr unmittelbares Gefühl der Frustration und Ohnmacht hinaussehen können. Ich möchte jedoch immer darauf hinweisen, dass das beste Endziel darin besteht, eine Kommunikationsbasis für Mensch und Hund zu schaffen. Darum kann ich ganz einfach nicht empfehlen, alle Interaktionen strikt zu reglementieren und dem Halter zu verbieten, auf eine sanfte Bitte seines Hundes um Aufmerksamkeit zu reagieren. Ein Hund, der nichts ohne Gegenleistung erhalten darf, kann etwa nicht angesprochen und hinter den Ohren gekrault werden, wenn er zu seinem Besitzer trottet und Augenkontakt sucht: Der Mensch, heißt es, dürfe dem aufmerksamkeitsheischenden

Verhalten nicht nachgeben, ohne zuerst zu verlangen, dass der Hund sitzt. Bei diesem scheinbar trivialen Austausch, diesem Moment des Verbundenseins handelt es sich jedoch um eine wichtige Komponente emotional offener, ehrlicher Kommunikation.

Dr. John Gottman, emeritierter Professor für Psychologie an der Universität von Washington und gemeinsam mit seiner Frau Dr. Julie Schwartz Gottman Gründer des Gottmann-Beziehungsinstituts, hat wichtige Arbeit auf dem Gebiet der Kommunikation geleistet (siehe Lesetipps im Anhang). Dr. Gottmann studiert seit über dreißig Jahren, was erfolgreiche von gescheiterten Ehen unterscheidet. Er ist bekannt für die Entwicklung einer Technik, mit deren Hilfe sich mit über 90% Treffsicherheit voraussagen lässt, ob eine Beziehung in den nächsten drei Jahren weiter bestehen oder enden wird. Dazu dokumentiert er die Physiologie und das Verhalten beider Partner während eines schwierigen Gesprächs und stellt Fragen zu ihrer Vergangenheit.

Ein wichtiges Ergebnis: In der Beziehung zufriedener Paare kam eine einzige negative auf fünf positive Interaktionen. Bei Paaren, die eine Scheidung ansteuerten, fiel das Verhältnis positiv zu negativ auf weniger als eins zu eins ab.

Dr. Gottmans Analyse von Videoaufzeichnungen Tausender Paare führten ihn zu dem Schluss, dass emotionale Verbundenheit eine essenzielle Rolle spielt:

Eine Bitte um emotionale Verbundenheit kann die Form einer Frage, eines Blicks, einer liebevollen Berührung des Armes oder einer Bemerkung annehmen, die ausdrücken: „Ich möchte mich dir verbunden fühlen", sagt [Gottmann]. Die Antwort darauf besteht in der Hinwendung zu, Abwendung von oder Ablehnung der Bitte um emotionale Verbundenheit … Menschen gehen keine Ehen oder Freundschaften ein bzw. und pflegen die Beziehung zu ihren Geschwistern nicht darum, weil sie wollen, dass die entsprechenden Beziehungen scheitern. Dennoch enden viele, weil die Partner den emotionalen Bedürfnissen des anderen zu wenig Beachtung schenken. Die Forschung in [Gottmans] Wohnungs-Labor zeigte etwa, dass Männer, deren Beziehung schlussendlich in einer Scheidung endete, die Bitten um emotionale Verbundenheit ihrer Frauen in 82 Prozent der Fälle ignorierten – vergleichen mit nur 19 Prozent der Männer in stabilen

Ehen. Frauen, deren Ehe endete, ignorierten die Bitten um emotionale Verbundenheit seitens ihrer Männer in 50 Prozent der Fälle, während Frauen, deren Ehe Bestand hatte, dies in nur 14 Prozent der Fälle taten … Laut Gottman wird jede Art von Beziehung – nicht nur die Ehe – vom Vorhandensein oder Fehlen emotionaler Verbundenheit bestimmt. Gelegenheiten, den anderen zu emotionaler Verbundenheit aufzufordern oder auf dessen Aufforderung zu reagieren, gibt es mehr als genug. Ein typisches glückliches Paar kann allein während des Abendessens um die hundert Gesten emotionaler Verbundenheit austauschen … „Auf diese Momente kommt es in einer Beziehung an – auf diese Aufforderungen und die Reaktion darauf. So entstehen Intimität und Vertrauen.“

(Joel Schwarz;
http://www.washington.edu/news/2001/05/07/
the-relationship-cure-is-manual-for-emotional-connection/)

Die Partner in einer Beziehung fordern einander immer wieder zu Zuneigung, Aufmerksamkeit, Hilfe und Information auf. So kann zum Beispiel eine Frau im Versuch, die Aufmerksamkeit ihres Mannes für ein Gespräch zu gewinnen, sagen: „Hey, hast du von dem neuen Lokal gehört, das letzte Woche eröffnet hat?“ Tippt dieser weiter auf seinem Laptop und ignoriert sie, so hat er sich von ihrer Bitte um Aufmerksamkeit abgewendet. Antwortet er: „Siehst du nicht, dass ich arbeite?“, lehnt er die Bitte ab. Sagt er jedoch: „Oh, wirklich?“, sieht vom Computer auf und seine Frau an, so wendet er sich ihr zu.

Ich glaube, dieses Konzept lässt sich auf alle uns wichtigen Beziehungen umlegen – auch auf jene zu unseren Hunden. Es lässt vermuten, dass die Missachtung der emotionalen Bedürfnisse des anderen (d.h. das Abweisen des anderen, das Enttäuschen seiner Erwartungen und emotionale oder physische Unzugänglichkeit) negative Konsequenzen hat. Und dennoch erfordern Philosophien des Zusammenlebens, denen zufolge der Hund nichts ohne Gegenleistung erhalten darf, dass wir ihn immer erst zum Sitzen (oder zu einem anderen bekannten Verhalten) auffordern müssen, wenn er um Aufmerksamkeit bittet. Reagiert er nicht korrekt, so sollen wir uns von ihm abwenden und darauf vertrauen, dass er uns früher oder später gehorchen bzw. sich fügen muss. Dieser Widerspruch lässt sich umgehen, indem Sie beschließen, dass die

Forschung zu erfolgreichen zwischenmenschlichen Beziehungen keine Relevanz für das Training unserer Hunde hat. Lupomorphismus – die mittlerweile widerlegte Annahme, dass Hunde Merkmale und Eigenschaften von Wölfen aufweisen – könnte uns darin bestärken, die Daten Gottmans und anderer Psychologen nicht weiter ernst zu nehmen. Schließlich, so heißt es, wären Hunde als Rudeltiere mit einer linearen Dominanzhierarchie gar nicht dazu in der Lage, eine Beziehung ohne klare Machtverhältnisse einzugehen. Daraus folgt, dass sie uns ausnahmslos immer Respekt zollen, sich uns unterwerfen bzw. schlicht und einfach in der Rangordnung unter uns stehen müssen.

Ich glaube, dass die Daten zu emotionaler Verbundenheit eine Grundwahrheit über alle tiefergehenden Beziehungen zwischen emotionsbegabten Tieren darstellen. Dazu gehören natürlich wir Menschen und auch unsere Hunde. Mir ist durchaus bewusst, dass sich Hunde und Menschen unterscheiden, und ich gehe auch nicht davon aus, dass unsere Beziehung zu einem Hund eine perfekte Parallele zu zwischenmenschlichen Beziehungen darstellt. Ich bin jedoch davon überzeugt, dass das ständige Ablehnen unserer um Hilfe oder Aufmerksamkeit bittenden Hunde negative Auswirkungen hat, die wir nicht ignorieren sollten.

Nur zu oft verbirgt sich passiv-aggressives Gehabe unter dem Deckmantel guter Absichten. Wir meinen, aufmerksamkeitsheischendes und respektloses Verhalten unserer „nach Status strebenden" Hunde verhindern zu müssen und fallen dabei in passiv-aggressive Verhaltensmuster. Ich sehe passiv-aggressive Handlungen als eine extreme Form negativer Strafe im Sinne der operanten Konditionierung. Typische (d.h. aktive) Aggression hingegen stellt eine extreme Version positiver Strafe dar. (Dies setzt voraus, dass die aggressiven Handlungen eine Konsequenz auf das Verhalten der bestraften Person oder des bestraften Tieres darstellen. Andernfalls würde es sich bei der Aggression nicht um eine Konsequenz im verhaltensanalytischen Sinne handeln.)

Vor Jahren las ich in der *Seattle Times* einen Artikel mit dem Titel „Er ist ein SCHLIMMER Hund!" Darin beschreibt Reporterin Shirleen Holt ihre vergeblichen Versuche, dem Ungehorsam ihres „schlimmen" Jack Russell Terriers ein Ende zu setzen. Sie listet ihre Beschwerden über

Kileys Verhalten auf und berichtet über alle von ihr ausprobierten Trainingsmethoden. Unter anderem bezieht sie sich auf den Rat „einer Verhaltenstrainerin“:

Ich versuchte, ihre Tipps umzusetzen. Dazu gehörte ein passiv-aggressiver Trainingsansatz, der den Namen „Streicheleinheiten verdienen“ trug. Ich sollte Kileys aufmerksamkeitsheischendes und trotziges Verhalten ignorieren und ausschließlich mit ihm kommunizieren, wenn und wie ich *das wollte. Nur wenn er eines meiner Kommandos ausführte, sollte ich ihn mit meiner Zuneigung belohnen.*

Shirleen Holt schreibt weiter, dass sie bereits in der ersten Nacht an der Umsetzung von „Streicheleinheiten verdienen“ scheiterte: Kiley stahl die Butter von der Anrichte und Shirleen musste ihr diese wieder abjagen – „Ansonsten wäre die Butter auf die eine oder andere Art auf meinem Teppich gelandet!“ (Es stellt sich die Frage, warum Kiley überhaupt die Möglichkeit hatte, die Butter zu stehlen. Man sollte annehmen, dass die Verhaltenstrainerin Shirleen auch Tipps dazu gab, wie sich derartige Situationen mit Hilfe von Leinen und Babygittern bis auf Weiteres verhindern würden lassen.)

Der Artikel endet mit einem Telefongespräch zwischen Shirleen und Mathilde DeCagney, der Trainerin von Jack Russel Terrier Moose, welcher in der Sitcom *Frasier* als Eddie auftrat.

*„Das Problem ist nicht [Kiley]“, sagte sie, und ihr französischer Akzent ließ die scharfen Worte sanfter klingen. „*Sie *sind das Problem.“ Ich zuckte zusammen, doch ich wusste, dass sie recht hatte. Sie zählte die Gründe auf: Kiley ist ein Hund, der arbeiten will, aber keine Aufgabe hat; ein geselliger Hund, der zu viel alleine ist; ein intelligenter Hund, dem es an geistiger Anregung fehlt; er ist ein überdrehter Hund mit Bewegungsmangel.*

Anders gesagt: Kiley hatte Bedürfnisse! Wie alle anderen Hunde auch hatte er legitime physische und psychologische Bedürfnisse. Empfehlen Trainer, dass Hundehalter ihren Vierbeinern nichts ohne Gegenleistung erlauben, gehen andererseits jedoch nicht auf die Bedürfnisse der Tiere ein, ist Frustration an beiden Enden der Leine vorprogrammiert.

Verhalten und Selbstwirksamkeit

Ist Ihnen schon einmal aufgefallen, wie sehr Menschen sich freuen, wenn ein Tier ohne zu zögern richtig auf ein Signal reagiert? Das Kind, dem der Nachbarshund die Pfote in die ausgestreckte Hand legt; der Zoobesucher, der auf einer Backstage-Tour im Ozeaneum einen Delphin zum Salto auffordert oder ein Mädchen, das seinen Freunden stolz zeigt, wie seine Katze auf ihr Signal hin miaut – in all diesen Fällen empfinden wir es als immens befriedigend, wenn unsere Worte oder Gesten das erwünschte Verhalten hervorrufen. Wir haben die Umwelt (das Tier) zu einem Verhalten aufgefordert, und sie hat entsprechend reagiert. Unser Wort oder unsere Geste hat „funktioniert". Das fühlt sich gut an!

In der Sozialpsychologie wird die Verbindung zwischen unserem Verhalten und dem darauffolgenden verstärkenden Ereignis als internale Kontrollüberzeugung bezeichnet. Individuen mit starker internaler Kontrollüberzeugung glauben, dass Ereignisse größtenteils das Ergebnis ihrer eigenen Handlungen sind. Anders gesagt: Sie sind der Meinung, dass ihr Verhalten wirksam ist. Individuen mit starker externaler Kontrollüberzeugung glauben hingegen, dass Ereignisse größtenteils von Kräften bestimmt werden, die außerhalb ihrer Kontrolle liegen (zum Beispiel andere Individuen, Zufälle usw.).

Hundeverhaltensberater und Autor Steven R. Lindsay zufolge manifestiert sich

die Trainingsphilosophie, derzufolge ein Hund sich jedes Privileg erst erarbeiten muss ... ein Hundeleben lang in jeder bedeutenden sozialen Transaktion. Dadurch bestimmen und kontrollieren die Familienmitglieder alle „täglichen Entscheidungen" des Hundes. Das Ziel scheint zu sein, die Kontrollüberzeugung des Hundes zu externalisieren und dabei seine Fähigkeit zu untergraben, auf der Suche nach Belohnungen selbstständig Handlungen zu initiieren. Entsprechende Regeln des Zusammenlebens scheinen wachsende soziale Abhängigkeit und Machtlosigkeit zu fördern, indem der Besitzer bestimmt, was der Hund wann tun darf und zugleich dessen Fähigkeit unterbindet, durch Eigeninitiative soziale Belohnungen hervorzurufen.

(S. 384; siehe Lesetipps)

Dies ist meinen eigenen Trainingszielen diametral entgegengesetzt. Tiere zu ermutigen, sich mit ihrer Umwelt auseinanderzusetzen, Initiative zu zeigen, sich zu bewegen und mit Verhalten zu experimentieren ist das Herzstück des Clickertrainings (mehr dazu in Kapitel 5). Durch systematisches Training möchte ich Hunden beibringen, im Alltag angemessene Entscheidungen zu treffen – und zwar oft unabhängig von (wenn auch nicht im Gegensatz zu) den Aufforderungen ihrer Besitzer. So können die Tiere selbst verschiedenste Belohnungen hervorrufen.

Dr. Susan Friedman, Forscherin und Dozentin für Psychologie an der Utah State University, leistet nicht nur bahnbrechende Arbeit in der Angewandten Verhaltensanalyse (ABA) im Umgang mit Papageien und anderen Haustieren, sondern ist auch eine meiner persönlichen Heldinnen. Aus ihrer Feder stammt unter anderem eine gute Zusammenfassung dessen, worum es im Tiertraining im Idealfall geht:

> *[...]In welchem Maße die Kontrolle des Lerners bei einem Verfahren zur Verhaltensreduktion bewahrt wird, ist* für die Entwicklung von Standards für humane und *effektive Verfahren unerlässlich. Forschungsergebnisse zeigen, dass alle Tiere so weit wie irgend möglich die Berechtigung haben sollten, ihr Verhalten dazu einzusetzen, signifikante Ereignisse in ihrem Leben zu kontrollieren, das heißt, ihr Verhalten effektiv einzusetzen, um ein erwünschtes Ergebnis zu erlangen. Denn genau aus diesem Grunde hat sich Verhalten entwickelt.*

(Aus „Was stimmt nicht an diesem Bild?
Effektivität ist nicht genug"; siehe Lesetipps.)

Wer nichts als einen Hammer hat, sieht in jedem Problem einen Nagel.

Vor einigen Jahren beschloss ich, mich von allen Online-Gruppen und E-Mail-Listen abzumelden, in denen Trainer über Hundeverhalten diskutieren – unter anderem darum, weil ich genug davon hatte, „Ohne Fleiß kein Preis"-Tipps als Antwort auf jedes Problem zu lesen. Ihr

Welpe pinkelt ins Haus, Ihrem Terrier wird im Auto übel, Ihr Schäferhund springt aufs Bett? Erlauben Sie ihm kein Privileg ohne Gegenleistung! Die Tipps der „Experten“ liefen immer auf dasselbe hinaus und schienen als Allheilmittel im Zusammenleben mit Hunden zu gelten. Vermutlich waren die Kollegen der Meinung, dass strikte Kontrolle dem Hund nicht schaden und möglicherweise sogar helfen würde.

Auch als Kur für ernsthaft aggressive Hunde wurde immer wieder propagiert, dem Hund nichts mehr ohne Gegenleistung zu erlauben: Der Halter, so die Implikation, müsse seinen Gefährten einfach nur für alles arbeiten zu lassen, und schon wäre dessen Aggression geheilt! Trat erneut aggressives Verhalten auf, so lag die Schuld natürlich bei dem Besitzer, der dem Trainingsprogramm nicht streng genug gefolgt war. Viele meiner Kunden hatten von einem früheren Trainer zu hören bekommen, dass ihr Hund aufhören würde, in die Leine zu springen/zu schnappen/Menschen, Hunde, Katzen oder Fahrräder zu beißen, wenn sie bloß lernen würden, sich durchzusetzen.

Ich hoffe, dass Sie nach der Lektüre dieses Buches darüber nachdenken, ob sich ein Beharren auf Respektsbezeugungen tatsächlich für das konkrete Problem Ihres Kunden eignet. Vielleicht geben Sie in Zukunft „Ohne Fleiß kein Preis“-Ratschläge differenzierter und fragen sich: Ist dies der beste Ansatz im Umgang mit Geräuschempfindlichkeit? Wenn der Hund den Trainer beim Fußlaufen bedrängt oder den Nachbarshund hinterm Gartenzaun anbellt? Wenn er unter Trennungsangst leidet, das Apportel fallen lässt oder auf der falschen Seite in den Slalom läuft?

Nichts ist umsonst? Wirklich gar nichts?

Vor vielen Jahren trainierte ich Delfine, tief im offenen Ozean befindliche Minen aufzuspüren und zu entschärfen. Eines Tages beschloss ein Kollege – ein langjähriger traditioneller Trainer – seinen Großen Tümmler auf kreative Art zu motivieren, in ein Motorboot zu springen. Dies war nötig, um die Tiere mit Hilfe des sechs Meter langen Boston Whalers zu unseren Trainingsarealen im offenen Ozean zu transportieren. Wir konnten die Delfine nicht immer neben unseren Booten herschwimmen lassen – die Unterwasser-Version des Fußlaufens –, um die Trainingsareale an den tiefen Stellen der Kaneohe Bay zu erreichen. Manchmal dauerte es einfach zu lange. Stattdessen forderten wir sie auf, auf ein riesiges dreieckiges Transportkissen zu springen, welches wir außen seitlich an dem speziell für uns angefertigten Boot verankerten. Die andere Seite des dicken blauen Kissens hängten wir über den Rand des Delfinbeckens. Ein Trainer kniete auf dem Kissen und klopfte mit der Handfläche darauf, um den Delfin zum Einsteigen aufzufordern. Sprang der Delfin auf das Kissen, erhielt er ein Maul voller Fische und wurde – sofern es sich um eine Trainingseinheit handelte – zurück in sein Becken geschoben. Wollten wir den Delfin andererseits tatsächlich transportieren, so packten stattdessen zwei Trainer das Kissen an einer Seite und drehten es neunzig Grad gegen den Uhrzeigersinn, um es am Heck festzumachen. Hier wurde der Delfin nun zwischen fünf und fünfzig Minuten transportiert, während ein Trainer im Boot seinen Körper benetzte und kühlte.

In ein Boot zu springen ist eindeutig kein natürliches Verhalten für einen Delfin. Aus diesem Grund hatte es für uns Trainer große Priorität. Wir arbeiteten oft daran und wünschten uns eine verlässliche Reaktion aller Delfine, wann immer wir mit der flachen Hand auf das Kissen klopften. Entschied ein Delfin, nicht einzusteigen (d.h. nicht mit zur Arbeit in den offenen Ozean zu kommen), so konnten wir an diesem Tag nicht weiter trainieren.

Mein älterer Kollege wollte seinen unkooperativen Delfin „motivieren", in das Boot zu springen, indem er dessen Becken vollständig mit einer blauen Plastikplane abdeckte. Auf diese Weise hatte der Delphin keinen Zugang zur Atemluft mehr – es sei denn, er würde in das neben dem Becken befindliche Boot springen! Ich beobachtete mit wachsender Unruhe, wie mein Kollege die Plastikplane über das Becken zu ziehen begann. Als ich erkannte, was er vorhatte, rief ich unseren Tierarzt, welcher dem Experiment ein Ende setzte. Der Delfin trug keinen Schaden davon.

Mein Kollege hatte die Überzeugung, dass sich Tiere alles verdienen müssten, auf ihre ebenso logische wie gefährliche Spitze getrieben: Du musst für deinen nächsten Atemzug arbeiten. Einige Tage später unterhielten wir uns über seinen Plan. Er war tatsächlich noch immer davon überzeugt, sich eine raffinierte Motivationstechnik überlegt zu haben.

Ein weiteres Beispiel: Eine Zeitlang arbeitete ich in einer Tierklinik, wo ich unter anderem alles rund um die große Zwingeranlage des zugehörigen Hundehotels organisierte. Ich erinnere mich noch gut an die Diskussion, die entstand, als ich mich weigerte, einen Assistenzhund im Training aufzunehmen. Es wurde nicht gern gesehen, wenn wir einen Kunden ablehnten – doch der Halter dieses Hundes bestand darauf, das im Auslauf unseres Zwingers frei zugängliche Wasser zu entfernen: Das Trainingsprotokoll seines Hundes, welcher einem Blinden das Leben erleichtern sollte, erforderte, dass er sich jeden Schluck Wasser verdienen müsse. Als ich die Regel in Frage stellte, antwortete der Hundeführer enthusiastisch: „Und ob das wichtig ist! Jederzeit trinken zu können ist der erste Schritt zu einem verzogenen Hund!"

Diese beiden Beispiele wirken extrem – doch vergessen Sie nicht, dass Menschen dazu neigen, Ratschläge wörtlich nehmen. Viele versuchen, den Anweisungen ihres Trainers genau zu folgen, ohne sich erst die Frage zu stellen, ob diese gefährlich, unmenschlich oder vermessen sein könnten. Was genau meinen Sie, wenn Sie einem Kunden empfehlen, seinen Hund für alles arbeiten zu lassen? Darf dieser wirklich **nichts** ohne Gegenleistung bekommen?

Vielleicht haben Sie die Beispiele gelesen und gedacht: „Vernünftige Menschen rationieren natürlich weder Luft noch Wasser." (Beachten Sie aber, dass es sich bei den Trainern in beiden Beispielen um erfahrene Experten handelte.) Was ist abgesehen von Atemluft und Wasser nicht Teil Ihres „Ohne Fleiß kein Preis!"-Trainingsplanes? Was ist dermaßen lebensnotwendig, dass es nicht rationiert werden sollte? Meine eigene Liste würde zumindest Liebe, Sicherheit, Luft, Wasser, ein tägliches Minimum an Kalorien, Zeit, sich auszuruhen und Sozialkontakt enthalten.

Das heißt nicht, dass Sie Dinge, welche Ihr Hund für gewöhnlich „umsonst" bekommt, nie als Verstärker für gutes Verhalten einsetzen könnten. Nehmen wir beispielsweise an, dass meine Hündin Effie am Ende eines langen Spaziergangs durstig ist. Während sie ins Auto springt, kommt ein fremder Hund an uns vorbei. Ich kann mit einem verbalen „Yes!" markieren, sobald Effies Blick auf den Artgenossen fällt und bevor sie Zeit hat, zu bellen, und dann ihre Schüssel mit Wasser füllen. In diesem Fall habe ich eine Möglichkeit genutzt, Effie Wasser als Konsequenz auf ein erwünschtes Verhalten anzubieten. Ich habe sie dabei ertappt, etwas zu tun, was mir gefällt, und sie mit etwas belohnt, worauf sie Lust hatte. Obwohl ich in dieser Situation Wasser als praktischen Verstärker nutze, hat Effie normalerweise immer freien Zugang zu ihrem Trinknapf. Hätte sie den vorbeilaufenden Hund angebellt, bevor ich reagieren konnte, hätte ich ihr eine Minute später trotzdem frisches Wasser angeboten – ganz ohne Gegenleistung.

Fettfrei leben

Erinnern Sie sich an die Geschichte der Navy-Delfine, die wir in einem Boston Whaler in unser Trainingsgebiet brachten? Ich erwähnte, dass zwei Trainer nötig waren, um einen Großen Tümmler mit dem dreieckigen Transportkissen aufs Heck zu hieven. Die Tiere waren bis zu einer halben Tonne schwer – kein einfaches Unterfangen! Als ich 1988 am Naval Oceans System Center (NOSC) zu arbeiten begann, war ich eine von nur drei Trainerinnen – alle erst seit Kurzem dabei – in der angewandten Delfinforschungseinrichtung der Navy an der Kaneohe Marine Corps Air Station auf Oahu. Einige unserer langjährigen männlichen Kollegen waren alles andere als begeistert davon, ihren Arbeitsplatz mit uns Frauen teilen zu müssen, und Kathi, Debbie und ich hatten einige Schikanen zu ertragen.

Eine der schlaueren Ideen, uns loszuwerden, beruhte auf der Annahme, dass zwei Frauen unmöglich ohne die Hilfe eines Mannes einen ausgewachsenen Tümmler an Bord hieven konnten. Nachdem ein Trainingsteam am offenen Ozean aus einem Trainer, einem Bootsfahrer und einem Delfin bestand, war es in der Tat möglich, dass Kathi und ich als Kolleginnen in derselben Trainingseinheit die einzigen Menschen an Bord waren. In diesem Fall müssten wir gelegentlich das Transportkissen mit Haole, dem schwersten unserer zehn Projektdelfine – einen zur Hälfte atlantischen und zur Hälfte pazifischen Koloss von einem Tümmler, der beinahe fünfhundert Kilo auf die Waage brachte – an Bord heben.

Anstatt uns geschlagen zu geben, baten Kathi und ich um etwas Zeit, um uns auf die körperlich anstrengende Prüfung, Haole an Bord zu heben, vorzubereiten. Unser Vorgesetzter war einverstanden. Von nun an besuchten Kathi und ich fast jeden Morgen vor der Arbeit das Fitnesscenter des Militärstützpunkts. Anfangs sahen die Marinesoldaten uns schlanke Frauen – wir wogen beide knapp über fünfzig Kilo – schief an. Nach einiger Zeit beachteten sie uns nicht weiter oder unterstützten unser verrücktes Vorhaben sogar. Wir fanden neue Freunde und Fitnesstrainer in den Soldaten. Zu meiner Überraschung stellte ich zudem fest, dass ich wirklich Spaß daran hatte, Gewichte zu heben. Zwei Monate später bestanden Kathi und ich unseren Haole-Hebe-Test mit fliegenden Fahnen.

Während der Zeit im Fitnessstudio riet mir mein bulliger Trainingspartner Lee unter anderem: „Iss kein Fett mehr!“ Er meinte es ernst und ging sogar so weit, meine mitgebrachten Pausenmahlzeiten zu kontrollieren und zu prüfen, ob mein Joghurt oder Käse auch wirklich fettfrei waren. Ich erinnere mich noch gut daran, dass ich versuchte, mich völlig fettfrei zu ernähren, und immer wieder scheiterte. Es handelte sich um ein unerreichbares Ziel und, wie ich mittlerweile weiß, auch gar kein erstrebenswertes: Fett ist ein essenzieller Bestandteil gesunder Ernährung.

Ähnlich wie Lees Tipp erfordert auch der Ratschlag, Hunden keine frei zugänglichen Privilegien zuzugestehen, auf einen notwendigen, natürlichen Teil einer gesunden Beziehung zu verzichten. Der Halter kann an diesem unmöglichen Ziel nur scheitern, was häufig Gefühle von Scham und Scheitern hervorruft. Niemand kann tatsächlich dafür sorgen, dass sein Hund wirklich für alles arbeitet – vielleicht mit Ausnahme eines überzeugten Kontrollfreaks. (Wie mir. Sozusagen. Ich bin auf dem Weg der Besserung. Es sollte wirklich eine Selbsthilfegruppe für anonyme Kontrollsüchtige geben.) Und ich wette, dass ein Trainingsplan, der den Trainer dazu bringt, jede noch so kleine Kleinigkeit zwanghaft zu kontrollieren, gar kein guter sein kann. Der Versuch, Liebe und Gegenseitigkeit in einer Beziehung strikt zu regulieren, ist alles andere als fortschrittlich.

Ich erinnere mich noch gut an den Nachmittag, als wir in der Küche einer Kundin, Deb, über dieses Thema diskutierten. Debs Freundin, die auf Besuch war, hörte einige Gesprächsfetzen und erzählte daraufhin von einem Ritual ihrer Familie: Jeden Morgen, gleich nach dem

Aufwachen, kamen alle zwei- und vierbeinigen Familienmitglieder auf dem großen Bett der Eltern zusammen: Mutter, Vater, zwei kleine Kinder und zwei Dackel. Dann folgte das „Wir haben uns alle lieb"-Ritual: Jedes Familienmitglied küsste einen nach dem anderen – Menschen und Hunde – und sagte dazu: „Ich hab dich lieb." Seit Jahren begann die Familie so ihren Tag. Als ich mir die morgendliche Verbundenheit und das damit einhergehende Chaos vorstellte, wurden meine Augen feucht. (Auch jetzt noch geht es mir so.) Ich konnte mir keinen gesegneteren Start in den Tag vorstellen. Debs Freundin fragte: „Würde diese Hundetrainingsmethode unser Ritual verbieten? Dann kann sie nicht gut sein!"

Ist Ihnen klar, dass Hundebesitzer ihre Vierbeiner nicht wirklich für alles, was diese gern hätten, erst „arbeiten" lassen, so sollten Sie dies auch nicht von Ihren Kunden verlangen. Ein Halter, der an diesem unrealistischen Ziel scheitert, sucht oft die Schuld bei sich selbst: „Ich habe nicht gemacht, was meine Trainerin wollte – ich habe Luna gestreichelt, als sie zu mir kam. Sie musste nicht sitzen. Jetzt bellt sie/springt in die Leine/schnappt/springt an jemandem hoch/pinkelt/läuft weg, weil ich die Regeln gebrochen habe!" Immer wieder vertrauen mir schuldbewusste Kunden an, ihren Hund manchmal ohne Gegenleistung zu streicheln, wenn dieser um Aufmerksamkeit bittet. Sie sehen mich an, als würden sie eine Rüge für ihr völlig natürliches, liebevolles Verhalten erwarten. Nachdem viele der Hunde, mit denen ich arbeite, ernsthafte Verhaltensprobleme zeigen, folgt darauf häufig die niedergeschlagene Aussage: „Ich bin selber schuld, dass er gebissen hat." Die Kunden glauben, ihr Hund wäre aggressiv, weil sie ihn mit Spielen oder Streicheleinheiten verwöhnt hätten.

Ist es möglich, dass wir Trainer manchmal zu diesem Schuldbewusstsein beitragen? Ich selbst habe tatsächlich schon mehrmals gesagt: „Es wird schlimme Folgen haben, wenn Sie nicht alles im Leben Ihres Hundes kontrollieren." In dem Versuch, unsere Hunde nicht zu verziehen, schießen wir weit übers Ziel hinaus und glauben, der Mensch müsse jede Interaktion strikt überwachen.

Hundebesitzern, die sich wirklich bemühen, ihrem Hund nichts umsonst zu geben, stellt sich ein weiteres Problem: Folgen nicht alle Familienmitglieder dem Protokoll zu hundert Prozent, implementieren sie ganz unabsichtlich einen intermittierenden Verstärkungsplan für

„schlimmes“ Verhalten (d.h. für das Einfordern von Aufmerksamkeit). Wenden der Halter, dessen Partner oder dessen Kinder die Regel, dass der Hund für jedes Privileg und jede Interaktion erst sitzen müsse, manchmal an, manchmal hingegen nicht, so wird der Hund intermittierend für seine Versuche verstärkt, „direkten Zugang“ zu seiner Belohnung zu bekommen. In der Regel passiert dies immer dann, wenn der Hund besonders hartnäckig (d.h. „lästig“) ist, wodurch das unerwünschte Verhalten löschungsresistent wird und dem Repertoire des Hundes noch lange erhalten bleibt.

… und was ist mit Pavlov?

Die Regel, einem Hund nichts ohne Gegenleistung zuzugestehen, steht außerdem im Widerspruch zu sämtlichen Trainingsprotokollen, die auf klassischer Gegenkonditionierung (Pavlov'scher Konditionierung) beruhen. Erkläre ich meinen Kunden das Prinzip klassischer Gegenkonditionierung, so ist es oft schwierig, diese davon zu überzeugen, dass sie ihren Hund jedes Mal füttern oder mit ihm spielen sollen, wenn der Auslöser seines unerwünschten Verhaltens auftaucht – ganz gleich, was der Hund gerade tut. Ich erkläre gern, dass wir immer dann das Buffet eröffnen – ganz gleich, welches Verhalten der Vierbeiner gerade zeigt –, wenn dieser das, was er unheimlich findet, sieht, hört oder riecht. Der Hund verdient sich die guten Dinge nicht, weil er sitzt, seinen Menschen ansieht oder diesem sonstwie Respekt zollt. Das Futter bzw. Spiel hängt nicht vom operanten Verhalten des Hundes ab, sondern vom Auftauchen des Auslösers.

In Nicks ersten klassischen Gegenkonditionierungseinheiten erhielt er jedes Mal ein Stück Steak, wenn er einen fremden Mann in der Nähe bemerkte – ganz gleich, wie Nick sich gerade verhielt. Natürlich versuchte ich, unsere Trainingseinheiten so einzurichten, dass die Männer uns nicht zu nahe kamen und bemühte mich, eine aggressive Reaktion Nicks zu vermeiden. Allerdings kam es durchaus vor, dass Nick steif wurde oder zu knurren begann, während oder bevor ich ihn fütterte. Er musste kein Kommando ausführen, mir Respekt zeigen oder auch nur „brav“ sein, um sein Steak zu bekommen: In der klassischen

Gegenkonditionierung ruft nicht das Verhalten, sondern der Auslöser das Futter hervor.

Wie verträgt sich dies damit, dass Hunde nichts umsonst bekommen dürfen? Haben Sie Ihre Klienten erst von dieser Regel überzeugt, finden Sie sich in einem Dilemma wieder, wenn Sie nun plötzlich sagen: „Jetzt arbeiten wir mit Gegenkonditionierung. Werfen Sie Bailey jedes Mal ein Leckerchen zu, wenn er ein Fahrrad vorbeifahren sieht.“ Wahrscheinlich wundert sich der Kunde: „Muss Bailey sich das Leckerli nicht erst verdienen? Muss er mich nicht erst ansehen, sitzen oder meine Hand mit der Nase berühren?“ „Nein, nein!“, antworten Sie. „In *dieser* Trainingseinheit nicht“, woraufhin Ihr Kunde restlos verwirrt ist.

Das „Ohne Fleiß kein Preis“-Prinzip widerspricht noch einer weiteren grundlegenden Trainingstechnik: dem Einfangen bzw. Capturing von Verhalten. Mehr dazu in Kapitel 5.

Verhaltensketten sind auch keine Lösung

Das „Ohne Fleiß kein Preis“-Prinzip führt noch zu einem weiteren Dilemma. Stellen Sie sich vor, sie säßen auf der Couch und versuchten zu lesen, und Ihr Hund trottet auf Sie zu. Er stupst Ihren Arm mit der Schnauze an und legt Ihnen ein Stofftier in den Schoß. Den strikten Regeln des Zusammenlebens zufolge müssen Sie Ihren Hund nun erst dazu auffordern, zu sitzen, bevor Sie ihn streicheln oder sein Spielzeug werfen dürfen. Sie müssen dafür sorgen, dass er höflich „Bitte sagt“; erst dann hat er sich das Streicheln oder das gemeinsame Spiel verdient.

Dies reduziert jedoch nicht sein ursprüngliches aufmerksamkeitsheischendes Verhalten – vielmehr führt es zu einer Verhaltenskette. Fordern Sie Ihren Hund immer dann, wenn er Ihre Nähe sucht, zu einem Verhalten auf, für das Sie ihn in der Vergangenheit bereits häufig belohnt haben, so haben Sie tatsächlich sein ursprüngliches Stupsen, Pföteln oder Bellen – das Einfordern von Aufmerksamkeit – verstärkt.

Die einzige Möglichkeit, Verhaltensketten zu unterbrechen, ohne auf Strafe zurückzugreifen, besteht darin, eine Pause einzulegen: Zwischen dem ursprünglichen aufmerksamkeitsheischenden Verhalten und Ihrer Aufforderung zum Sitzen müssen zehn oder zwanzig Sekunden (oder mehr) vergehen, in welchen Sie nicht mit dem Hund interagieren. Fordert Ihr Hund hingegen mittels seines Verhaltens Streicheleinheiten ein und Sie reagieren umgehend mit „Okay, aber setz dich erst!", so haben Sie damit keine Reduktion des „lästigen" Verhaltens bewirkt. Sie haben ganz einfach ein „Sitz!" zur Verhaltenskette hinzugefügt.

Ein anderes Beispiel: Ihr Hund kratzt an der Küchentüre, um nach draußen gelassen zu werden. Kratz, kratz, kratz. Sie treten an ihn heran und sagen: „Okay, aber erst musst du sitzen!" Nun fühlen Sie sich besser dabei, Ihren Hund nach draußen zu lassen, weil er unmittelbar vor dem Öffnen der Türe höflich vor Ihnen gesessen ist. Allerdings haben Sie die Wahrscheinlichkeit, dass Ihr Hund in Zukunft wieder an der Tür kratzt, nicht reduziert, sondern diese in die Verhaltenskette eingeflochten.

Die Verhaltenskette sieht folgendermaßen aus: Bailey zeigt ein Verhalten, welches Ihnen unrecht ist → Sie lenken sein Verhalten in ein höfliches/gehorsames/respektvolles Verhalten um → er führt Ihr Signal aus → Sie geben ihm das, was er ursprünglich wollte.

Auf den ersten Blick scheint es naheliegend, davon auszugehen, dass Ihr Hund früher oder später den ersten Schritt auslassen und direkt sitzen wird, um Sie um das Öffnen der Türe oder Streicheleinheiten zu bitten. Allerdings funktioniert operante Konditionierung nicht so: Ihr unmittelbares Umlenken auf ein bekanntes, bereits häufig verstärktes Verhalten sorgt dafür, dass auch das unerwünschte Verhalten verstärkt wird – es wird also in Zukunft häufiger auftreten.

In der Arbeit mit besonders herausfordernden Hunden bin ich manchmal versucht, meine Trainingsratschläge auf einen einzigen zu reduzieren: „Belohnen Sie jedes Verhalten – mit Ausnahme der drei, die Ihnen am meisten auf die Nerven gehen!" Je nach Besitzer könnte die Liste besonders lästiger Verhaltensweisen etwa jaulen, an den Möbeln kauen und Menschen mit der Pfote an den Beinen kratzen beinhalten. Richteten wir den Alltag des Hundes so ein, dass seine täglichen Freuden auf **alle** Verhaltensweisen abgesehen von diesen drei Dingen folgten – selbst auf mittelmäßige und nicht perfekte Verhaltensweisen – , während wir die drei lästigen Dinge ignorierten und/oder deren Auftreten vermieden, so würden wir wahrscheinlich eine deutliche Veränderung im Verhaltensrepertoire des Hundes sehen. Fehlte den drei „schlimmsten" Verhaltensweisen der Treibstoff, so würden sie im Laufe der Zeit wahrscheinlich immer seltener. Schließlich könnten wir die Liste überarbeiten und die drei nächsten lästigen Verhaltensweisen identifizieren, auf welche wir dann dieselbe Löschungsstrategie anwendeten. Achten Sie darauf, dass dieser Ansatz dem Besitzer die Freiheit lässt, mit seinem Hund zu interagieren, wie auch immer er will, sofern er dadurch keine der drei (nach Definition des Besitzers selbst) lästigsten Verhaltensweisen verstärkt! Ironischerweise würde der traditionelle Ansatz, in welchem der Hund jeweils etwa zum Sitzen aufgefordert wird, nachdem er eines der drei unerwünschten Verhalten zeigt, dieses tatsächlich verstärken!

Ockhams Rasiermesser

Natürlich führt es in manchen Fällen durchaus zu positiven Verhaltensänderungen, wenn ein Halter seinen Hund für alle Privilegien arbeiten lässt: Inspiriert diese Philosophie des Zusammenlebens den Menschen, sich die Verstärker seines Hundes bewusst zu machen und diese in angemessenen Momenten zu verteilen, kann sich das Verhalten des Hundes merklich bessern. Können wir unsere zweibeinigen Kunden zum bewussten Umgang mit Verstärkern inspirieren, ohne auf die Rationierung von Liebe und Zuneigung zu bestehen? Ja! Das, worauf es ankommt, lässt sich auch auf flexiblere (und zugegebenermaßen langweiligere) Art und Weise ausdrücken: „Verstärke erwünschtes Verhalten und verhindere die Verstärkung von unerwünschtem Verhalten."

Dieser Ratschlag ist nicht so simpel und sinnträchtig wie das „Ohne Fleiß kein Preis"-Prinzip, aber er ist sparsamer. Ockhams Rasiermesser, auch als Sparsamkeitsprinzip bekannt, besagt, dass die einfachste Erklärung die beste sei: Wir sollen uns nicht in hypothetische Konstrukte verrennen, wenn es eine einfache Erklärung gibt. Sie können Ihre Schüler und Kunden inspirieren, die Verstärker ihrer Hunde zur Konsequenz erwünschter Verhaltensweisen zu machen, ohne zu drohen: „Geben Sie Ihrem Hund ja niemals etwas umsonst – sonst denkt dieser, Sie könnten sich nicht durchsetzen und wären kein Rudelführer – und Ihre Beziehung endet in Anarchie!" Wie kann in einer solchen Beziehung spontane Freude aufkommen? Ich lebe mit Hunden zusammen, weil Effie und

Nick mich auf unerklärliche Weise glücklich machen. Ich liebe es, mit ihnen zusammen zu sein. Oft empfinde ich große Freude – einfach nur, weil ich sie ansehe. War ich einen Tag oder länger alleine unterwegs, bevor wir uns wiedersehen, bin ich so aufgeregt wie ein Kind am Heiligen Abend. Ich bin skeptisch, dass Menschen eine derart bereichernde, lebensbejahende, spontane und liebevolle Verbindung zu ihren Hunden eingehen können, wenn sie strikt darauf achten, jede Art unverdienter Belohnung zu vermeiden.

Es ist nicht so, dass die aus einer strikten Rationierung von Verstärkern resultierende Verhaltensänderung notwendigerweise negativ wäre (jedenfalls nicht für die Hunde). Vielmehr geht es darum, in welche Art von Geschichte wir unsere Trainingstipps für Schüler und Kunden einbetten. Wir haben das Privileg, Hundehalter auszubilden, und wir sollten den philosophischen Hintergrund unserer praktischen Ratschläge mit Bedacht wählen: Es kommt nicht nur darauf an, was wir sagen, sondern auch darauf, wie wir es sagen. Wir wollen unseren Schülern helfen, das Verhalten ihrer Hunde zu modifizieren. In den meisten Fällen stimmt die Mehrheit der Trainerinnen und Trainer, die auf Basis positiver Verstärkung arbeiten, überein, wozu wir unsere Klienten im Umgang mit ihren Hunden auffordern wollen. Aber *wie* vermitteln wir ihnen diese Botschaft?

Im nächsten Kapitel stelle ich eine Alternative dazu vor, unseren Kunden zu sagen: „Um die Sicherheit und Zufriedenheit aller Familienmitglieder zu gewährleisten und eine gute Beziehung mit Ihrem Hund zu führen, muss dieser immer erst etwas für Sie tun, bevor er etwas von Ihnen bekommt." Ich schlage vor, uns stattdessen vorzustellen, dass wir Verstärker austauschen und miteinander teilen: Ihr Hund gibt Ihnen Verstärker (in der Form von gutem Verhalten), und Sie geben Ihrem Hund Verstärker. Es besteht ein stetes Geben und Nehmen; Verstärker fließen großzügig in beide Richtungen. Mithilfe dieses Ansatzes kann ich meinen Kunden helfen, ihr eigenes Verhalten und das Verhalten ihrer Hunde im positiven Sinne zu verändern und zugleich Wechselseitigkeit und den Aufbau tiefer Verbundenheit fördern.

Kapitel 5

Ohne Fleiß kein Preis? Alternative Philosophien

Zu Beginn dieses Buches habe ich festgestellt, dass Tiertraining ein zutiefst manipulatives Unterfangen ist. Wir trainieren Tiere, um Ordnung in das Verhaltensdurcheinander zu bringen, das oft entsteht, wenn unsere Gefährten nicht bewusst erzogen werden: Eine „Tu, was immer du willst"-Mentalität ist weder für den Hund noch die Menschen, die mit ihm zusammenleben, sinnvoll. Allerdings müssen wir auf der Suche nach Alternativen zu einer strikten Kontrolle von Verstärkern nicht das Kind, d.h. gewissenhaftes und effektives Training, mit dem Bade – den Nebenwirkungen der Rationierung aller Privilegien – ausschütten. Was, wenn wir alternative Geschichten finden, die Hundehaltern leicht in Erinnerung bleiben, die mehr Vorteile als die Rationierung aller Privilegien haben und die zugleich die Basis für gutes und erfolgreiches Hundetraining darstellen?

In seinem 2008 erschienenen Bestseller *Lebens-Mittel: Eine Verteidigung gegen die industrielle Nahrung und den Diätenwahn* schreibt Michael Pollan: „Nehmen Sie Nahrung zu sich – nicht zu viel, und hauptsächlich Pflanzen." Dabei handelt es sich um die Kernbotschaft des Buches. In wenigen Worten fasst Pollan seine weitreichende und tiefgehende Untersuchung westlicher Ernährungsgewohnheiten und derer Auswirkungen auf unsere Gesundheit und Kultur zusammen. Er bringt es auf den Punkt und formuliert einen Satz, der das Potenzial hat, das Verhalten eines Menschen dauerhaft zu ändern.

Lässt sich das Wesentliche effektiven und humanen Hundetrainings ähnlich prägnant ausdrücken? In einem Satz, der auf einem Kühlschrankmagneten Platz findet, könnten wir sagen: „Verstärke erwünschtes Verhalten und verhindere die Verstärkung von unerwünschtem Verhalten." (Achten Sie darauf, dass dieser Satz proaktiv ist und sich von seiner reaktiven Variante – „Verstärke erwünschtes Verhalten und entferne die Verstärker unerwünschten Verhaltens" – unterscheidet.) Der Satz bringt den Behaviorismus auf den Punkt. Er ist effektiv und tiefgründig.

Aber bleibt er dem Leser im Gedächtnis? Erinnern Sie sich an die Schlüsselelemente, die Geschichten, an welche wir uns lange Zeit erinnern, gemeinsam zu haben pflegen? Chip und Dan Heath weisen in *Was bleibt* darauf hin, dass diese einfach, unerwartet, konkret und glaubwürdig sein sowie unsere Gefühle ansprechen und in eine Geschichte verpackt sein müssen. „Verstärke erwünschtes Verhalten und verhindere die Verstärkung von unerwünschtem Verhalten“ ist definitiv einfach, und weil es die Ergebnisse jahrzehntelanger weltweiter Laborforschung auf den Punkt bringt, ist es auch glaubwürdig. Aber bleibt uns dieser Satz in Erinnerung? Wahrscheinlich nicht. Er ist nicht in eine Geschichte verpackt; ist abstrakt anstatt konkret; er spricht unsere Gefühle nicht an.

Können wir die Kühlschrankmagneten-Version des Behaviorismus so umschreiben, dass sie für Hundehalter und Trainer einprägsam und nützlich wird?

Alternative 1: SMART x 50

Sind Sie mit dem Fitnesstip vertraut, der besagt, dass der Schlüssel zu Gesundheit und Fitness darin läge, täglich 10.000 Schritte zu gehen? Diese Idee wurde ursprünglich in Japan bekannt. Professor Dr. Yoshiro Hatanoan an der Kyushu University of Health and Welfare zufolge werden in Japan jährlich sieben Millionen Schrittzähler verkauft. Vielleicht sind sich Gesundheitsexperten nicht über die genaue Anzahl an Schritten einig, welche die körperliche Fitness merklich verbessern – aber „Gehe täglich 10.000 Schritte“ stellt eine einfache und konkrete Richtlinie dar.

In Anlehnung an die Aufforderung zum Zählen der Schritte könnten wir im Hundetraining den Ratschlag geben: „Wenden Sie fünfzig Mal täglich positive Verstärkung für gutes Verhalten Ihres Hundes an.“ Nicht schlecht, aber zu technisch. Wie wäre es stattdessen mit „Belohnen Sie Ihren Hund fünfzig Mal täglich, wenn er etwas macht, das Ihr Zusammenleben erleichtert oder Sie zum Lächeln bringt“? Besser – diese Variante ist konkret und einfach. Vielleicht ist sie sogar zu einfach? Hundetrainer werden sofort die Schwächen dieses Ratschlags sehen: Wie soll der Hund belohnt werden, und wer soll ihn belohnen? Was genau hat man sich unter Verhaltensweisen vorzustellen, die das Zusammenleben erleichtern oder jemanden zum Lächeln bringen? Und wie soll mit unerwünschtem Verhalten umgegangen werden?

Genau wie jemand, der täglich 10.000 Schritte geht, zusätzlich auf weitere gesundheitliche Aspekte achten sollte – darunter gesunde

Ernährung, ausreichend Schlaf und Verzicht auf Zigaretten –, muss der Hundehalter, der sich an die Richtlinie hält, seinen Hund fünfzig Mal täglich zu belohnen, auch auf weitere Details achten. Das häufige Belohnen zur Angewohnheit zu machen hat jedoch so viele Vorteile, dass es eine klare und hilfreiche grundlegende Empfehlung im Zusammenleben mit dem Hund darstellt.

Machen wir uns bewusst, dass das Repertoire unserer Hunde bereits zahlreiche Verhaltensweisen enthält, von denen wir gern mehr sehen würden. Indem wir immer wieder „Ja!" sagen, wenn unser Hund diese zeigt, ermuntern wir ihn, sich häufiger kooperativ, ruhig und kontrolliert zu verhalten. Unsere zahlreichen, im richtigen Moment ausgesprochenen, begehrten „Ja!"s, auf die jeweils eine Belohnung folgt, bringen erwünschtes Verhalten immer deutlicher zum Vorschein.

Bravsein kultivieren

Unser Schwerpunkt – das Fördern erwünschten Verhaltens mittels positiver Verstärkung – gleicht der Arbeit eines Biobauern. Biolandwirte und -gärtner kultivieren eine gesunde Landschaft, indem sie viel Zeit damit verbringen, die Erde zu pflügen und sie mit Kompost und anderen Nährstoffen zu bereichern. Sie wählen Früchte und Blumen, die sich für die Bodenbeschaffenheit und die lokalen Lichtverhältnisse eignen, heißen eine Vielfalt von Pflanzen, Käfern und Vögeln willkommen und begrüßen auch gelegentlich aufkommende überraschende Sprösslinge im Beet.

Trainer, die mit positiver Verstärkung trainieren, verbringen von Anfang an viel Zeit damit, eine bereichernde, fruchtbare Beziehung mit ihren Hunden aufzubauen. Wir säen Vertrauen und verpflichten uns der Maxime „Primum non nocere" (Vor allem nicht schaden): Wir wollen unsere Tiere nicht verletzen und wissen, dass die großzügige Anwendung positiver Strafe – das Breitbandherbizid des Hundetrainings – das Potenzial trägt, nicht wiedergutzumachenden Schaden anzurichten. Wir schätzen die Vielfalt und sind dankbar für die unzähligen Verhaltensweisen, die unsere Tiere zeigen: Wir erkennen, dass diese für effektives Training unverzichtbar sind. Zeigt ein Tier unerwünschtes Verhalten

– das Unkraut in unserem Beet –, so gehen wir davon aus, dass wir dieses am besten loswerden, indem wir es durch ein gern gesehenes Verhalten ersetzen. Wir wissen, dass unerwünschte Verhaltensweisen wie das Zerstören von Möbeln oder Jaulen meist in einem Verhaltensvakuum keimen, genau wie Unkraut sich auf sterilen, ausgelaugten Böden ausbreitet.

Gute Angewohnheiten bei Hundehaltern kultivieren

Ich baue auf das Prinzip „fünfzig Belohnungen pro Tag“ auf, indem ich meinen Kunden helfe, erfolgreiche Verhaltensarchitekten zu werden. Ich empfehle ihnen, „SMART“ zu sein, indem sie erwünschtes Verhalten sehen, markieren und reich belohnen. SMART steht für „**S**ehen, **MA**rkieren und **R**eich belohnen im **T**raining“. Diese drei Komponenten – gutes Verhalten zu sehen, mit einem „Ja!“ oder einem Click zu markieren und dann zu belohnen – sind die Grundpfeiler erfolgreichen Trainings. Wer die drei Dinge meistert, wendet eine Technik namens Capturing bzw. Verhalten einfangen an: Er macht sich erwünschtes Verhalten zunutze, das ein Tier im Laufe eines durchschnittlichen Tages immer wieder zeigt, indem er dieses 1) bemerkt, 2) das Tier darauf hinweist und dieses 3) belohnt, um die entsprechenden Verhaltensweisen zu stärken. Verhalten, das wir verstärken, tritt in Zukunft häufiger, intensiver oder länger auf.

Auf den ersten Blick ist es nicht offensichtlich, was für ein mächtiges Trainingsinstrument Sehen, Markieren und reich Belohnen darstellt: Es scheint, als wäre der Trainer dabei passiv. Sollte dieser dem Hund nicht befehlen bzw. signalisieren, etwas zu tun? Sollte er nicht zu ihm sprechen, ihm mit Gesten, Bewegungen oder Berührungen helfen, bestimmte Verhaltensweisen zu zeigen, oder ihn mit Futter locken? All diese Dinge haben ihren Platz, doch sind sie nicht Hauptbestandteil von SMART. SMART zu trainieren heißt nicht, passiv zu sein und nichts zu tun. Vielmehr bedeutet es, sich auf das Wichtigste zu konzentrieren: darauf, was der Hund gerade tut. So sehen wir Verhalten tatsächlich. (Eigentlich sollte das S nicht für Sehen, sondern für Spüren stehen: Auch Menschen mit eingeschränkter Sehfähigkeit können ausgezeichnete

Trainer sein, indem sie das erwünschte Verhalten ihrer Tiere nicht über die Augen, sondern andere Sinne wahrnehmen.)

SMARTes Training lässt sich einfach umsetzen – und es wirkt viel besser, als viele Hundehalter glauben würden. Es klingt geradezu naiv, zu sagen, dass wir nichts weiter tun müssten, als unsere Hunde beim Bravsein zu ertappen und ihnen dafür Futter und andere Belohnungen anzubieten, um nachhaltige zuverlässige Verhaltensänderungen zu erreichen. Ein einfaches Experiment kann zeigen, was dieser Trainingsansatz auszurichten vermag. Wählen Sie eine Bewegung Ihres Hundes, die Ihnen gefällt. Es kann etwas praktisch Nützliches oder einfach etwas Lustiges sein. Zwei Möglichkeiten: 1) sich hinlegen oder 2) eine Verbeugung, wie Hunde sie zeigen, wenn sie sich strecken oder einen Artgenossen zum Spielen auffordern: Der Vorderkörper bewegt sich Richtung Boden, während die Hinterbeine durchgestreckt bleiben. Clicken Sie, sagen Sie ein Markerwort wie „Ja" oder zeigen mit dem Daumen nach oben, falls Ihr Hund taub ist, wann immer er die Vorderkörpertiefstellung zeigt. Auf jede Ihrer Markierungen folgt ein kleines Stückchen Futter. Sie können dieses werfen, aus der Hand füttern oder Ihren Hund aus der Luft fangen lassen. Im Laufe der Woche sollten Sie aufgrund des Markierens und Fütterns – d.h. aufgrund Ihrer Verstärkung des Bewegungsmusters Ihrer Wahl – Änderungen im Verhalten Ihres Hundes sehen. Er sollte sich öfter legen, verbeugen oder tun, wofür auch immer Sie ihn immer wieder belohnt haben. Sie stehen kurz davor, ein Verhalten oder einen Trick auf Signal abrufen zu können – immer dann, wenn Sie das wollen!

Weil SMART so effektiv ist (d.h. der Trainer empfindet es als belohnend), wird es Hundehaltern, die einige Wochen lang damit experimentieren, leicht zur Gewohnheit: Bald fällt es schwer, sich vorzustellen, den eigenen Hund NICHT beim Bravsein zu ertappen. Das Sehen, Markieren und reich Belohnen im Training widerspricht der Philosophie, dass ein Hund erst dann Futter oder Aufmerksamkeit erhalten dürfe, wenn er ein Kommando oder Signal des Menschen ausgeführt hat. Stattdessen ermöglicht es uns, unsere Hunde jederzeit zu belohnen, wenn sie uns nicht gerade ärgern oder nervös machen. Je öfter wir dies tun, desto häufiger wird erwünschtes Verhalten und desto geringer das Risiko, aus Versehen Aufdringlichkeit zu verstärken.

Während ich diese Zeilen schreibe, schlafen meine beiden Hunde in meinem Büro. Effies Kopf hängt über den Rand eines riesigen Fleecepolsters und Nick hat sich neben mir auf der Couch zusammengerollt. Es ist Zeit, eine Pause einzulegen – ich werde mit den beiden spazieren gehen. Ich nutze die Gelegenheit und verstärken das ruhige, entspannte Verhalten, mit dem sie mir beim Schreiben Gesellschaft geleistet haben. Für dieses Verhalten, welches die beiden bereits beherrschen, brauche ich keinen Clicker – ich sage einfach „Ja!“ und belohne meine Hunde, indem ich aufstehe, in meine Sandalen schlüpfe und nach den Leinen greife.

Die Situation als „Kommando“

Sie könnten argumentieren, dass meine Hunde ihren Spaziergang nicht „umsonst“ bekommen: Schließlich haben sie sich diesen verdient, indem sie sich ruhig verhalten haben, während ich arbeitete. Fällt Ihnen jedoch auf, dass Effie und Nick nicht auf ein Kommando meinerseits, sondern auf situative Signale reagierten? Kathy tippt am Computer – Zeit für ein Mittagsschläfchen. Ich musste den beiden nicht sagen, was sie tun sollten. Das heißt, dass ich meinen Hunden nicht ständig dies und jenes befehlen muss. Stattdessen kann ich mich darauf konzentrieren, mein Sehen, Markieren und reiches Belohnen zu verbessern.

Natürlich ist es mir auch wichtig, dass die Hunde, mit denen ich zusammenlebe, auf eine Reihe von Signalen reagieren. Dabei kann es sich um Worte wie „Sitz!“ oder „Mach Männchen!“ handeln, um Gesten wie das Ausstrecken einer Hand, woraufhin Nick mir die Pfote reicht, oder um taktile Reize wie das Berühren von Nicks Nasenspitze, um ihn zum Niesen aufzufordern. SMART x 50 schließt keineswegs aus, dass Halter ihren Hunden Signale geben. Nichts spricht dagegen, Ihren Hund zu einem Verhalten aufzufordern, das Sie dann sehen, markieren und reich belohnen können. Vielmehr *beschränkt* sich die SMART-Philosophie nicht auf Signale, welche vom Menschen ausgehen: Auch die Umgebung oder Situation kann Verhalten in Hunden auslösen – auch diese „gibt Kommandos“, genau wie die innere, physiologische Umwelt des Hundes. Tatsächlich handelt es sich um Haarspalterei, zu sagen, dass einerseits die Umgebung und andererseits der Mensch dem Hund Signale gibt: Wir Menschen sind nicht unabhängig von der Umwelt des Hundes, sondern selbst ein Teil davon.

Für SMART x 50 ist der Ursprung des Signals, auf welches erwünschtes Verhalten folgt, nebensächlich: Sowohl der Mensch als auch der Rest der Umgebung sind legitime und wichtige Quellen für Signale an den Hund. Vielleicht wirkt es, als würde es die Führungsposition des Menschen untergraben, wenn dieser seinem Gefährten nicht ständig sagt, wie er sich zu verhalten hat. Aber ist es nicht effektiver, Geräusche, visuelle Reize und andere Sinneseindrücke, die den Hund umgeben, direkt als Signale für erwünschtes Verhalten zu nutzen, welches dann vom Menschen gesehen, markiert und reich belohnt werden kann? Hätten Sie lieber einen Hund, der sich ruhig auf seinen Platz zurückzieht, wenn Sie ihn dazu auffordern, oder einen Hund, der dies selbstständig tut, wenn es an der Tür läutet? Das war eine Fangfrage: Sie wollen beides! In jedem Fall ist es aber nicht nur beeindruckend, sondern auch praktisch, wenn ihr Gefährte zu seinem Liegeplatz läuft, sobald es an der Tür läutet, sich setzt, sobald Sie nach der Leine greifen, oder alle vier Pfoten am Boden lässt, wenn er einen zweibeinigen Freund begrüßt – und all das ohne Gesten oder Signale Ihrerseits!

Werden Sie Entscheidungsarchitekt!

Der Trainer kann noch auf eine weitere Art Einfluss auf das Verhalten seines Hundes nehmen, die wir oft übersehen: Richtet er die Umgebung so ein, dass es dem Hund möglichst leicht fällt, erwünschtes und möglichst schwer fällt, unerwünschtes Verhalten zu zeigen, wird auch SMART deutlich effektiver. Vor Kurzem hörte ich einen Wirtschaftspsychologen das Wort „Entscheidungsarchitekt“ verwenden. Er bezog sich auf jene Experten, die die Produkte in den Supermarktregalen so arrangieren, dass Konsumenten möglichst viel Geld ausgeben. Niemand steht neben Ihnen, wenn Sie einkaufen, befiehlt Ihnen, etwas aus dem Regal zu nehmen, oder führt Ihre Hand wider Ihren Willen zu einem bestimmten Produkt. Dennoch wird Ihre Entscheidung für bestimmte

Produkte stark von der gut durchdachten und sorgfältig geplanten Einrichtung des Supermarktes beeinflusst.

Genau so wollen wir auf die Entscheidungen einwirken, die unsere Hunde bezüglich ihres Verhaltens treffen. Setzen wir dazu allerdings Zwang ein, so können wir das resultierende Verhalten nicht als „freiwillig" bezeichnen: Der Hund hat schlicht und einfach keine Wahl. Im Idealfall erlauben wir unseren Hunden, selbstständig Entscheidungen zu treffen – das heißt ohne ihren Körper in eine bestimmte Position zu drücken, an der Leine zu rucken, sie grob anzufassen, mit Wasser zu bespritzen oder ihnen einen Stromschlag[4] zu versetzen. Dadurch sind nicht mehr wir, sondern der Hund selbst für sein eigenes Verhalten verantwortlich. Unsere wichtigste Rolle besteht darin, richtige Entscheidungen zu sehen, zu markieren und reich zu belohnen, um die Wahrscheinlichkeit zu erhöhen, dass diese in Zukunft häufiger auftreten.

Geschickte Trainer richten die Umgebung so ein, dass es dem Hund möglichst leichtfällt, sich richtig zu entscheiden. Sie geben ihm die Freiheit, Entscheidungen zu treffen, gestalten seine Wahlmöglichkeiten jedoch in ihrem eigenen Sinne. Dies erinnert mich an eine Freundin, die jeden Morgen zwei Outfits am Bett ihrer Tochter ausbreitet und diese dann fragt, ob sie heute lieber das gelbe oder das rosa Kleid in den Kindergarten tragen möchte. Das Mädchen trifft eine Entscheidung zwischen zwei legitimen Optionen. Die Tochter meiner Freundin wählt nicht aus den Hunderten von Stücken in ihrem vollgestopften Kleiderschrank. Aus endlos vielen Möglichkeiten ergäbe sich die sprichwörtliche Qual der Wahl – für Hunde und Menschen!

Ein Entscheidungsarchitekt für Ihren Vierbeiner zu sein, heißt, dass Sie „schlechtes" Verhalten (dabei handelt es sich oft um Dinge, zu denen Hunde ganz natürlich neigen!) schwierig und „braves" Verhalten (oft Dinge, die Hunde weniger instinktiv tun) leicht machen. So könnten Sie beispielsweise ein weiches, kuscheliges Hundebett neben der Couch aufstellen und die Couchkissen vertikal aufrichten, sodass diese wenig einladend wirken. Betritt Ihr Hund das Wohnzimmer und sieht sich nach

4 *Anmerkung der Übersetzerin: In den USA, dem Heimatland der Autorin, ist der Einsatz von Stromhalsbändern im Hundetraining – anders als im deutschsprachigen Europa – legal.*

einem Liegeplatz um, so wirkt das Hundebett gemütlicher als das Sofa. Weil Sie die Umgebung geschickt eingerichtet haben, können Sie nun die Entscheidung Ihres Hundes, sich auf seinem Liegeplatz anstatt der Couch zusammenzurollen, sehen, markieren und reich belohnen. Nachdem Sie die freiwillige, jedoch situativ beeinflusste Wahl Ihres Hundes einige Dutzend Mal verstärkt haben, können Sie beginnen, ein Sofakissen nach dem anderen in seine ursprüngliche – und auch für Hunde verlockende – Position zu rücken. Weiterhin sehen, markieren und belohnen sie die richtige Entscheidung für das Hundebett häufig, und selbst wenn es Ihrem Gefährten bereits zur Gewohnheit geworden ist, sich für den ihm zugedachten Rastplatz zu entscheiden, verstärken Sie dies hin und wieder.

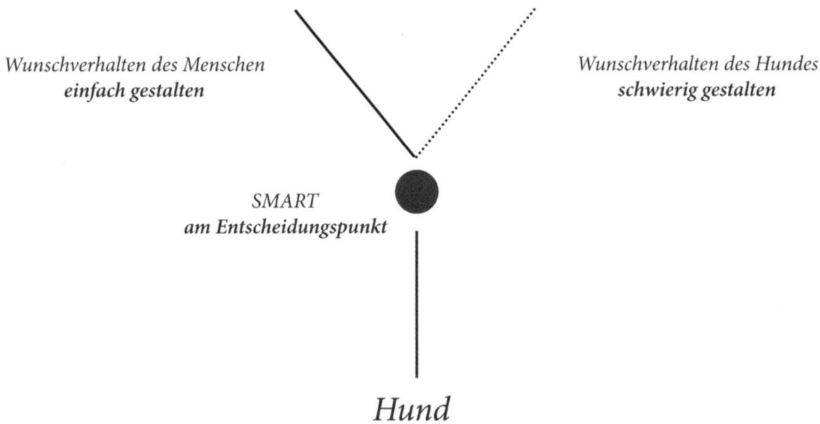

Ich möchte noch auf eine weitere Art von intelligentem Umgebungsdesign hinweisen, welches meinen Kunden oft erst etwas unsympathisch ist. Große Fenster mit Blick auf einen belebten Gehsteig üben auf viele Hunde große Anziehungskraft aus: Sie verbringen den Tag am Fenster und springen und bellen, wann immer jemand vorbeiläuft, gleich ob fremde Menschen, Hunde, Fahrradfahrer oder Postboten. Machen Sie es Ihrem Hund nicht so einfach, diesem Hobby nachzugehen! Bis er ein akzeptables Ersatzverhalten gelernt hat, empfiehlt es sich, die freie Sicht aus dem Fenster zu verhindern. Nutzen Sie Jalousien, Packpapier, Sperrholzplatten oder Alufolie wie eine meiner findigen Kundinnen. Keine Angst – sobald Ihr Hund ein Alternativverhalten gelernt hat, können Sie das Fenster wieder freimachen! Nutzt Ihr Hund ein Möbelstück als Leiter, um aus dem Fenster zu sehen, so verschieben Sie dieses. Eine weitere Möglichkeit besteht darin, Ihren Hund bis auf Weiteres nicht in das Zimmer mit dem Fenster zu lassen, indem Sie die Türe schließen oder ein Babygitter als Barriere nutzen. Bieten Sie Ihrem Hund außerdem eine Ersatzbeschäftigung an, der er anstatt seiner Fensterwächter-Ambitionen nachgehen kann.

Was eignet sich zum Sehen, Markieren und reich Belohnen?

Bevor Sie mit dem Sehen, Markieren und reich Belohnen loslegen, sollten Sie überlegen, welche Verhaltensweisen Sie verstärken wollen. Ich bitte meine Kunden an dieser Stelle, drei Verhaltensweisen zu nennen, die sie gern öfter sehen würden. Dabei darf es sich weder um Emotionen, Launen noch Dinge handeln, die auch ein toter Hund tun könnte (zum Beispiel „nicht bellen“ oder „nicht an der Leine ziehen“). Gern sage ich: „Stellen Sie sich vor, Ihr Hund wäre brav – ganz gleich, wie Sie und Ihre Familie Bravsein definieren. Wie verhält er sich?“

Was Hunde betrifft, die bei mir leben oder zu Gast sind – meine eigenen neuen Familienmitglieder oder die Hunde meiner Kunden –, so versuche ich vom ersten Tag an, bestimmte Verhaltensweisen zu sehen, zu markieren und reich zu belohnen. Anbei eine nach Priorität geordnete Liste:

1. Im Gras (oder auf einem sonstigen bevorzugten Untergrund) pinkeln oder Kot absetzen

2. Mit der Schnauze die Fingerspitzen berühren (dabei kann es sich um meine eigene Hand oder um die Hand eines anderen handeln)

3. Blickkontakt suchen

4. Zum Liegeplatz (oder zur Box) laufen und dort bleiben (das Hundebett als großer Magnet, der den Hund anzieht)

5. Bewegung in Richtung Boden (in der Regel niederlegen; sitzen oder Vorderkörpertiefstellung wären eine andere Option)

6. Neben mir herlaufen

7. Eine entspannte Position einnehmen, um länger an einem bestimmten Ort zu verweilen

8. „Oktopus-Pfoten“: Die Vorderpfoten kleben fest am Fußboden, wenn jemand auf den Hund zukommt

9. Einige Schritte rückwärts gehen

10. Ein Spielzeug halten

So sieht meine Liste aktuell aus. Prioritäten können sich ändern, und auch Ihre Liste an wichtigen Verhaltensweisen enthält wahrscheinlich andere Punkte als meine. Das ist kein Problem: Wir alle haben unsere eigene Vorstellung davon, wie ein „braver Hund“ aussieht. Vergessen Sie dabei jedoch nicht, dass Hunde in ihrem Verhalten zwar höchst flexibel sind, jedoch Schwierigkeiten haben, längere Zeit nichts zu tun. Hunde haben das Bedürfnis, sich zu bewegen. Daher empfiehlt es sich, anstelle einer „Don't Do"- eine „To Do"-Liste zu erstellen.

Ist Training für Sie noch ganz neu, so hoffe ich, dass Ihre Liste kürzer ausfällt als meine. Zwei oder drei Dinge zu sehen, zu markieren und reich zu belohnen ist für den Anfang mehr als genug. Zu Beginn erfordert das Protokoll Aufmerksamkeit und Konzentration, doch je länger Sie sich darin üben, desto intuitiver wird es. Erinnern Sie sich, wie Sie Radfahren oder Autofahren gelernt haben? Anfangs scheint es unmöglich, rechtzeitig zu reagieren und sämtliche Handgriffe zu koordinieren, doch im Laufe der Zeit lenkt sich Ihr fahrbarer Untersatz fast von selbst. Genauso verhält es sich mit SMART.

50 Belohnungen täglich! Wirklich?!

Wenn meine Kunden einige Verhaltensweisen identifiziert haben, die sie gern öfter sehen würden, so finden wir Möglichkeiten, diese mehrmals täglich zu markieren und reich zu belohnen. Das Ziel ist, dem Hund auf diese Art täglich fünfzig Belohnungen (in den meisten Fällen arbeiten wir mit Futter) zukommen zu lassen. Lebt der Hund in einem Einpersonenhaushalt, so ist der Halter selbst für alle 50 Belohnungen zuständig. Ist die Familie größer, kann die Aufgabe auf mehrere Personen verteilt werden. Dabei sollten alle damit einverstanden sein, welche konkreten Verhaltensweisen es wert sind, belohnt zu werden.

Erkläre ich das SMART x 50-Konzept einem neuen Kunden, so schlage ich meist vor, den Hund mit Futter zu belohnen. Das heißt, dass der Hund von den zweibeinigen Familienmitgliedern täglich fünfzig Leckerchen für Verhalten erhält, welches das Zusammenleben erleichtert oder der Familie Freude bereitet. Natürlich gibt es außer Futter noch zahlreiche andere Möglichkeiten, Hunde zu belohnen. Weiter hinten in diesem Kapitel sehen wir uns diese näher an. Für Anfänger ist es jedoch am einfachsten, die Formel auf „Sehen, Markieren und reich Füttern" zu reduzieren.

Ist es besser, die fünfzig Leckerchen in einer einzigen langen Einheit oder mehreren kurzen, über den Tag verteilten Intervallen einzusetzen?

Beides ist möglich – was auch immer sich am einfachsten in den Tagesrhythmus des Halters integrieren lässt. Ich wünsche mir, dass meine Kunden die Fähigkeit entwickeln, ihren Hund den ganzen Tag über beim Bravsein zu ertappen – immer dann, wenn sie sich in seiner Nähe aufhalten. Allerdings fällt es Anfängern meist am leichtesten, ein oder zwei Zeiten täglich zu wählen – zum Beispiel auf einem Spaziergang oder nach dem Abendessen –, zu denen sie sich ganz auf ihren Vierbeiner konzentrieren. Bereits fünf Clickertrainingseinheiten von jeweils nicht mehr als einer Minute können die Quote erfüllen, sofern mindestens zehn Mal pro Minute geclickt und gefüttert wird.

Futter ist ein wichtiges Trainingswerkzeug für SMART. Welche Art Belohnungshappen eignen sich am besten? Die Leckerchen sollten klein, weich, gesund und relativ günstig sein. Sie sollten Fleisch enthalten und sich leicht im Training einsetzen lassen. Folgendes Arsenal an Leckerchen verwende ich selbst fast jeden Tag für meine Hunde und die Vierbeiner meiner Kunden:

1. günstigen selbstgemachten Putenhackbraten (siehe www.kathysdao.com für das Rezept),

2. in eine Plastiktube gefülltes Dosenfutter,

3. pürierte Babynahrung auf Fleischbasis, welche der Hund direkt aus dem Glas schlecken kann, und

4. winzige Trockenfutterstückchen mit Kaninchen, Lachs oder einer anderen besonderen Proteinquelle.

Futter, das geschleckt werden kann (2 und 3) eignet sich besonders für kleine Hunde. Wirklich winzige Stückchen festen Futters lassen sich schwer einzeln greifen und austeilen. Ein Tropfen verdünnten Nassfutters, das aus einer 10-ml-Spritze gedrückt wird, stellt eine praktische Alternative für sehr kleine Tiere dar.

Kürzlich besuchte ich mit meiner Hündin Effie einen Tellington TTouch-Workshop. Eine Teilnehmerin war mit ihrem wunderschönen, schlanken und fitten Chihuahua vor Ort und arbeitete den ganzen Tag über mit dem weniger als zwei Kilo schweren Tier. Bevor wir uns am Ende des Seminars auf den Heimweg machten, fragte ich meine Kollegin, ob ihr die Aufgabe, täglich fünfzig Leckerchen zu verfüttern, als Halterin eines weniger als eine große Mineralwasserflasche wiegenden Hundes absurd vorkäme. Sie lächelte und erklärte mir, dass sie regelmäßig so viel verfüttere; sie trainiere sehr gern. Auf meine Frage, wie es ihr gelänge, ihren Hund so schlank zu halten, lehnte sie sich zu mir, als wolle sie mir ein Geheimnis erzählen, und raunte mir zu: „Ich breche das Futter in winzige Stückchen." Ich musste schmunzeln. Keine komplizierte Lösung, sondern eine talentierte Trainerin, die die Kunst gemeistert hatte, winzig kleine Leckerli-Brösel zwischen zwei Fingern zu halten und Stück für Stück an ihren Chihuahua zu verfüttern.

Für SMART x 50 bevorzuge ich Futterstücke wie selbstgemachten Hackbraten oder kleine Brocken kommerzieller Hundeleckerchen gegenüber Gläsern und Tuben, aus denen der Hund seine Belohnung schleckt. Dies erleichtert es einer Familie, die Verstärker, die an einem Tag verfüttert werden, im Auge zu behalten. Ein Familienmitglied kann die Aufgabe übernehmen, die tägliche Belohnungsration herzurichten. Als ich im Sea Life Park-Ozeanarium auf Hawaii meine Forschungsarbeit schrieb, übernahm jede Nacht ein Teammitglied die Aufgabe, Unmengen Stinte, Heringe und Makrelen aufzutauen, zu wiegen und für die Mahlzeiten aufzuteilen, die unsere vielen Delfine und Wale am nächsten Tag erhalten würden. Wer nachts arbeitete, wurde von uns als „Fischfantom" bezeichnet. Ähnlich kann in jeder Familie ein „Leckerchenfantom" dafür zuständig sein, fünfzig Futterbelohnungen zu schneiden, zu zählen und in eine Plastiktüte zu füllen – eine Tüte für jeden Hund. Dies kann entweder jeden Abend für den nächsten Tag oder einmal pro Woche für die nächsten sieben Tage erledigt werden. Beginnt der Tag mit fünfzig Futterstücken in einem Gefäß (auf der Anrichte oder im Kühlschrank, falls es sich um verderbliche Belohnungen handelt), ist es einfacher, im Auge zu behalten, wie oft der Hund belohnt wurde und wie viel er frisst: Am Ende des Tages sollte das Gefäß leer sein. Dieses System erleichtert es den einzelnen Familienmitgliedern auch, zwischendurch eine Handvoll Futter einzustecken und den Hund zu trainieren.

Kein humanes Trainingsprotokoll darf den gesundheitlichen Aspekt außer Acht lassen. In den USA und vielen anderen Ländern ist Übergewicht bei Hunden ein weit verbreitetes Problem. Der Einsatz von häufigen Futterbelohnungen im Training sollte keinesfalls zur Gewichtszunahme führen. Dies lässt sich vermeiden, indem die tägliche Futterration (egal ob Trockenfutter, selbst gekochte oder rohe Mahlzeiten) reduziert wird. So kann der Hund etwa ein statt zwei Mal täglich gefüttert werden – zumindest in den ersten Phasen des Trainings. Die so gesparten Kalorien können als Belohnungen dienen. Eine andere Möglichkeit ist es, einen Teil der Hauptmahlzeit als Verstärker zu verwenden. Mit Trockenfutter lässt sich dies besonders leicht umsetzen. Wie auch immer Sie sicherstellen, dass Ihr Hund nicht zu viel frisst – wichtig ist, dass SMART x 50 nicht zu einem dicken Hund führt.

Machen die Futterbelohnungen einen Teil der täglichen Mahlzeiten aus, sollten sie ausgewogen und gesund sein. Füttern Sie selbst zubereitete rohe oder gekochte Mahlzeiten, kann ein Teil des Futters in eine Tube gefüllt werden, an welcher der Hund zur Belohnung schlecken darf. Leidet Ihr Hund an einer Futtermittelallergie, haben Sie vielleicht keine andere Möglichkeit, als sein Spezial-Trocken- oder Nassfutter im Training zu verwenden. Bei sehr kleinen Hunden ist es ebenfalls wichtig, nicht zu viele Leckerchen zu füttern, welche nicht als Hauptmahlzeit gedacht sind: Der Verdauungstrakt kleiner Hunde ist mitunter empfindlicher und besonders anfällig für Erkrankungen wie Pankreatitis. Konsultieren Sie in jedem Fall Ihren Tierarzt, falls Sie fürchten, dass die Leckerchen Ihrer Wahl ein Gesundheitsrisiko darstellen könnten!

Halter, die es nicht gewohnt sind, Ihrem Hund winzige Belohnungshäppchen zukommen zu lassen, empfinden diesen Trainingsansatz anfangs oft als seltsam: Es fühlt sich an, als würden sie ihren Hund verwöhnen. Erst heute morgen begegnete ich einer Joggerin, als ich mit meinen Hunden die herrliche Bucht meiner Heimatstadt entlangspazierte. Terry, die Läuferin, bleibt jedes Mal stehen, um meine Hunde zu streicheln; die Begegnung ist ein morgendliches Ritual für uns alle. Als sie heute sah, wie ich Effie und Nick ein paar Trockenfutterstückchen zusteckte, bemerkte sie: „Oh, Sie verwöhnen diese Hunde!“ „Nein“, antwortete ich, „ich gebe ihnen ihr Frühstück.“

Natürlich erhalten meine Hunde die schmackhaften Happen zu ganz bestimmten Zeiten: Effie immer dann, wenn sie ruhig und gelassen an einem fremden Hund vorbeiläuft, und Nick immer dann, wenn ihn die plötzliche Bewegung eines Fremden in unserer Nähe erschreckt. Das kostet mich kaum Mühe – ich muss bloß daran denken, eine Handvoll Leckerchen einzustecken, wenn wir das Haus verlassen. (Genau wie Kotbeutel habe ich auch immer Futterbelohnungen dabei, wenn ich mit meinen Hunden unterwegs bin: „Kotbeutel in einer Tasche, Kekse in der anderen.") Es ist bedauerlich, dass viele Menschen die Gabe von Futter außerhalb von Hauptmahlzeiten aus dem Napf mit einem Verwöhnen und Verziehen des Hundes gleichsetzen.

Trainingsjunkies wie ich lieben Daten. Oft wollen wir auch unsere Kunden und Schüler dazu motivieren, Aufzeichnungen darüber zu führen, welche Verhaltensweisen ihres Hundes sie verstärken. Obwohl ich viele Vorteile in Daten sehe, sage ich Anfängern selten, dass sie – abgesehen vom Zählen der fünfzig täglichen Leckerchen – auf irgendeine Art Buch führen sollen. Ich weiß, dass sie positive Veränderungen beobachten werden, wenn es ihnen gelingt, erwünschtes Verhalten häufig zu sehen, zu markieren und reich zu belohnen. Die Aufgabe, detaillierte Datenblätter auszufüllen oder ein Verhaltenstagebuch zu führen, kann Halter leicht entmutigen und davon abhalten, den Hund ganz einfach immer dann zu belohnen, wenn ihnen danach ist.

Manche Kunden haben Spaß daran, mitzuzählen, wie oft sie ihren Hund beim Bravsein ertappen. Das Sehen, Markieren und reich Belohnen wird zu einem Spiel. Diese Art des Buchführens – das Mitzählen, wie oft täglich der Hund für braves Verhalten ein Leckerchen erhält – macht sich unseren Ehrgeiz zunutze: Wir können versuchen, uns selbst zu schlagen. Mit uns selbst zu wetteifern, um täglich ein geschickterer Belohner zu werden, ist auf jeden Fall besser, als mit dem Hund um die „Alpharolle" zu streiten!

SMART x 50 lässt sich leicht an die Bedürfnisse verschiedener Familien anpassen. So sind fünfzig Belohnungen am Tag etwa unrealistisch, wenn der Halter noch nie zuvor Futter als Belohnung eingesetzt hat – das wäre, als würden wir von jemandem, der den ganzen Tag im Sitzen verbringt, erwarten, von heute auf morgen „10.000 Schritte täglich" zu gehen. Ein besserer Plan wäre, mit einem Bruchteil davon zu beginnen – zum Beispiel SMART x 10 bzw. 2.000 Schritte täglich. Ein oder zwei Wochen später könnte das Ziel „mehr als bisher" lauten. Dies ließe sich etwa erreichen, indem die Anzahl der täglichen Belohnungen jede Woche um fünf Stück erhöht wird.

Ich kann mir auch Situationen vorstellen, in denen sich selbst das langsame Steigern der Belohnungsanzahl unerreichbar anfühlt. So leidet etwa ein Drei-Hunde-Haushalt, in dem beide Eltern Vollzeit arbeiten und die Kinder die Schule besuchen, grundsätzlich an Zeitmangel. Für diese Familie könnte es sinnvoll sein, SMART x 50 zu adaptieren, indem für jeden Hund SMART x 25 oder SMART x 50 für alle drei Hunde gemeinsam gilt. Wie auch immer das Programm abgeändert wird – es ist wichtig, dass es trotzdem ehrgeizig bleibt. Ein gutes Ziel ist so herausfordernd, dass die Hunde stetig Fortschritte machen, darf jedoch nicht unerreichbar wirken – sonst geben die Familienmitglieder auf.

Alternativ können Sie auch eine freiere Form von SMART einsetzen – eine Variante ohne tägliche Belohnungsquote. Vor einiger Zeit arbeitete ich mit einer Familie, die drei Bullmastiffs hielt. Die drei großen Hunde sollten ihre Manieren verbessern: Die Familie wollte ein Kind adoptieren und bereiteten sich auf den Besuch einer Sozialarbeiterin vor. Einige Wochen nach unserem ersten Termin fragte ich nach, wie das Training liefe. Meine Kundin berichtete, dass sie meine Empfehlungen ein wenig abgeändert hätte, um diese mit ihrem vollen Terminplan und mehreren Hunden zu vereinbaren. Sie stellte eine große Schüssel gesunder Leckerchen in die Mitte der Kücheninsel, wo die Hunde sie nicht erreichen konnten. Immer, wenn ein Familienmitglied einen der Hunde beim Bravsein ertappte (einem Menschen Platz machen, Passanten durch das Fenster beobachten, ohne zu bellen …), so brauchte es nur einen Griff in die Schüssel, und schon konnte dem Hund ein Belohnungshappen zugeworfen werden. War die Schüssel leer, so wurde sie erst am nächsten Tag wieder gefüllt. Ich fürchtete, dass die Leckerchen ungleich verteilt würden. War es immer ein und derselbe Hund, der belohnt wurde? Im Laufe der Zeit habe ich aber beobachtet, dass Menschen ihre Hunde in der Regel gerecht behandeln und sich bemühen, allen gleich viel Futter zukommen zu lassen – selbst dann, wenn dies unnötig oder kontraproduktiv ist. Alle drei Bullmastiffs kamen auf ihre Kosten.

Wie lange muss ich meinen Hund belohnen?

„Wann kann ich aufhören, ihn mit Futter zu belohnen?“ Trainern, die mit Futterbelohnungen arbeiten, ist diese Frage wohlvertraut. Andererseits wette ich, dass Tierärzte nie von ihren Kunden hören: „Wie lange muss ich meinen Hund noch täglich füttern? Es ist so umständlich und teuer!“

Wenn wir einen neuen Hund in unsere Familie aufnehmen, gehen wir davon aus, diesen bis ans Ende seiner Tage mindestens ein oder zwei Mal täglich zu füttern. Täglich Kalorien zu sich zu nehmen ist ein unverzichtbares Bedürfnis, das wir nicht in Frage stellen. Darum habe ich auch kein Problem damit, einen kleinen Teil der üblichen Futterration meiner Hunde zu verwenden, um diese bis ans Ende ihrer Tage für gutes Verhalten zu belohnen. Dabei geht es nicht darum, *mehr* zu füttern – es ist vielmehr eine Umverteilung der Mahlzeiten, welche Nick und Effie sowieso zustehen. Verbringe ich Zeit mit ihnen und ertappe sie beim Bravsein, fällt hin und wieder etwas für sie ab. In der Regel erhalten sie mehrere Futterbelohnungen während unseres morgendlichen Spaziergangs, einige während des nachmittäglichen Spielens im Garten und manchmal noch ein paar während einer abendlichen Trainingseinheit im Wohnzimmer.

Nur noch selten sehe, markiere und belohne ich das Verhalten meiner Hunde ganze fünfzig Mal täglich. Effie ist dreizehn und Nick ist zehn, und jetzt im Alter ist ihr Verhaltensrepertoire stabil. Derzeit bringe ich ihnen auch weder neue Tricks noch neue Hundesportarten bei. An den meisten Tagen verwende ich etwa zwei Dutzend Futterbelohnungen pro Hund, um Verhaltensweisen aufrechtzuerhalten, welche mir den Alltag erleichtern oder mich zum Lächeln bringen. Der Macht der intermittierenden Verstärkung ist es zu verdanken, dass gelegentliche Belohnungshappen ausreichen, damit das Pensionsrepertoire meiner Hunde stabil bleibt. Sind Sie mit dem Alltagsverhalten Ihres Hundes zufrieden – das heißt, versuchen Sie nicht mehr, neue Verhaltensweisen aufzubauen, bestehende zu modifizieren oder durch andere zu ersetzen –, entscheiden vielleicht auch Sie, im Alltag auf zwanzig Leckerbissen täglich zu reduzieren. Das heißt jedoch nicht notwendigerweise, dass Ihr tägliches SMART-Ziel nicht weiterhin fünfzig sein könnte, sondern bedeutet ganz einfach, dass Sie viele der Leckerchen, die Sie verwendet haben, als Ihr Hund die neuen Verhalten erstmals gelernt hat, später im Training – wenn gute Manieren bereits zur Gewohnheit geworden sind – durch eine andere Art Belohnung ersetzen. Etwas weiter unten wollen wir uns diese Möglichkeit im Detail ansehen. Vorerst reicht es, zu wissen, dass der häufige Einsatz von Futter im Alltag den Grundstein für eine auf tiefem Vertrauen beruhende Beziehung zwischen Ihnen und Ihrem Hund legen kann. Ihr Hund stellt fest, dass sich Ihre Aufmerksamkeit, Ihre Berührungen, Ihr Lob und das gemeinsame Spiel unglaublich gut anfühlen. Je braver er ist, desto größer wird auch die Wahrscheinlichkeit, dass Sie sein Leben um weitere bereichernde Erfahrungen erweitern: Sie nehmen ihn häufiger auf Waldspaziergänge mit, organisieren Treffen mit seinen vierbeinigen Freunden und so weiter. Das Menü der Dinge, mit denen Sie Ihren Hund fünfzig Mal täglich bezahlen können, wächst als natürliche Begleiterscheinung des langfristigen Einsatzes von Futter und weiteren positiven Verstärkern.

Lassen Sie uns noch einmal zur Analogie der „10.000 Schritte pro Tag" zurückkehren. Als ich zum ersten Mal versuchte, dieses Fitnessziel umzusetzen, musste ich mir täglich eine Stunde Zeit nehmen, um einen längeren Spaziergang unterzubringen. Es war aufwändig und kostete Zeit. Der Spaziergang hatte auch nichts mit dem Rest meines Lebens zu tun – es war schlicht und einfach ein weiterer Punkt, den ich auf meiner To-Do-Liste abhaken wollte. Nach einigen Monaten begann ich jedoch, die Resultate meines Pflichtspaziergangs zu spüren: Ich hatte mehr Ausdauer, schlief besser und fand Zeit zum Beten. Bald genoss ich die Bewegung, anstatt sie als lästige Pflicht zu sehen. Außerdem lernte ich, das Konzept, wann immer möglich mehr Schritte zu gehen, in meinen Alltag zu integrieren: Ich blieb in Bewegung, wenn ich mit Kunden telefonierte, ich wählte bewusst Parkplätze, die weiter vom Supermarkt entfernt waren und so weiter. Ein paar zusätzliche Schritte zu gehen, wann immer es möglich war, wurde eine Angewohnheit, die sich nahtlos in mein Leben einfügte.

Dieselbe Entwicklung lässt sich bei Menschen beobachten, die SMART x 50 in Angriff nehmen. Anfangs scheint das Ziel exzessiv und unerreichbar. Es erfordert täglich Vorbereitungen, Mühe und zusätzliche Zeit. Nach und nach funktioniert das Sehen, Markieren und reich

Belohnen jedoch fast wie von selbst. Ihren Hund beim Bravsein zu ertappen und – erst meistens mit Futter, später hauptsächlich mit alternativen Verstärkern – reich zu belohnen wird ein selbstverständlicher Bestandteil Ihres Alltags.

Möglicherweise stellen Sie fest, dass Sie das erwünschte Verhalten Ihres Hundes mit weniger als fünfzig Wiederholungen von SMART aufrechterhalten können. Wie viele Belohnungen dafür nötig sind, hängt ganz vom Ausgangsverhalten Ihres Hundes ab: Hat er bereits viele Angewohnheiten, die Sie gerne sehen? Genau wie 5.000 Schritte pro Tag eine ausreichende Fitnessgrundlage für einen schlanken Teenager darstellen können, ist SMART x 25 vielleicht genug für ihre unkomplizierte, gesellige Lassie. Für Ihren „Problem-“ oder Sporthund hingegen kann und sollte SMART x 50 so lange wie nötig Ihr Maßstab bleiben.

Harmlose lästige Verhaltensweisen ignorieren

Manch „schlechte“ Angewohnheit ist zwar lästig, aber harmlos. Sie ärgert uns vielleicht ein wenig, lässt sich aber am besten handhaben, indem wir sie nicht weiter beachten. Kürzlich arbeitete ich mit einer Kundin, Mary, und ihrem Cockerspanielwelpen, der gern Dinge, die er in Marys Garten fand, ins Maul nahm. Er schluckte oder kaute die Tannenzapfen, Blätter und Würmer nicht, sondern hob sie einfach auf, um sie im Maul zu fühlen. Mary war außer sich: „All diese Dinge sind voller Bakterien und Keime!“ Jedes Mal, wenn ihr Hund einen Tannenzapfen fand, lief Mary in den Garten, schimpfte und gab sich laut und dramatisch, um ihren Welpen dazu zu bringen, den Schatz fallen zu lassen. Ich verbrachte eine Stunde damit, Mary zu erklären, dass sie das harmlose Verhalten ignorieren könne, weil der Welpe es vermutlich einstellen würde, sobald Mary ihm keine Aufmerksamkeit mehr schenkte.

Letztes Jahr sprach ich mit einem potenziellen Kunden am Telefon und musste mehrmals nachfragen, um sicherzugehen, dass ich ihn richtig verstand. Bei Erstgesprächen am Telefon kann es leicht zu Missverständnissen kommen. Der Mann wiederholte immer wieder: „Er scharrt ständig wie ein Stier!“ „Wie ein Stier?“ fragte ich ratlos. „Oh! Meinen Sie, dass er nach dem Pinkeln mit den Hinterbeinen scharrt?“ „Ja!“, meinte der Mann am anderen Ende der Leitung und erklärte, dass er kürzlich seinen Garten hatte neu gestalten lassen, weshalb sein Jack Russell Terrier sofort damit aufhören müsse, im Rasen zu scharren. Ich fragte, wie lange der Hund dieses Verhalten zeige. „Mehrmals täglich ein paar Sekunden lang." „Gibt es weitere Verhaltensprobleme?" „Nein", meinte er, „überhaupt nicht." Meine Güte. Ich war versucht, vorzuschlagen, die winzigen Unvollkommenheiten, die ein sechs Kilo schwerer Hund in einem makellosen Garten anrichten kann, indem er täglich dreißig Sekunden lang mit den Hinterpfoten am Boden kratzt, etwas entspannter zu sehen. Stattdessen empfahl ich, dass er seinen Hund zum Pinkeln spazieren führe oder eine Ecke im Garten zur Hundetoilette erkläre.

Zu den Unvollkommenheiten meiner eigenen Hunden, die ich bewusst ignoriere, gehören das Einander-Wegnehmen von Spielzeug, an der Leine einen Schritt vor mir laufen, den Postboten ein paarmal anbellen, hin und wieder ein Loch im Garten graben, auf der Couch schlafen und Eichhörnchen im Garten jagen. Welche potenziell nervigen Verhaltensweisen sind Ihnen nicht wichtig genug sind, um ihnen Beachtung zu schenken? Vermutlich sieht Ihre Liste anders aus als meine. Erinnern Sie sich daran, dass Perfektion überbewertet wird. Manche Dinge können wir einfach gut sein lassen.

Gefährliches und destruktives Verhalten verhindern

Das Trainingsziel für jeden Familienhund ist, bestimmte Elemente seines genetischen Erbes – Bellen, Pinkeln, Hochspringen, Kauen und Beißen – zu hemmen bzw. in salonfähige Bahnen zu lenken. Für Menschen, andere Tiere oder den Hund selbst gefährliche oder zerstörerische Verhaltensweisen können wir nicht einfach in der Hoffnung ignorieren, dass sie von selbst verschwinden.

Müssen wir unsere fünfzig täglichen „Ja!"s mit einer ebenso großen Anzahl an „Nein!"s ausbalancieren, um diese unerwünschten Verhaltensweisen zu verhindern? Nein – nicht wenn wir die unzähligen Möglichkeiten nutzen, bestimmte Verhaltensweisen schwierig oder unmöglich zu gestalten. Zugleich lernt unser Hund neue Verhaltensweisen, die unerwünschten Instinkten entgegenwirken bzw. diese später ersetzen können. Erinnern Sie sich an unser behavioristisches Motto: „Verhindere die Verstärkung von unerwünschtem Verhalten." Der geschickte Einsatz diverser Hilfsmittel sorgt dafür, dass Dinge, die wir ungern sehen, gar keine Option für den Hund sind. Zu diesen temporären Hilfsmitteln gehören geschlossene Türen, Babygitter, Hundeboxen aus Plastik, Metall oder Stoff, Welpenausläufe (ähnlich einem Laufstall für Kleinkinder), Leinen und Maulkörbe.

Erst letzte Woche beriet ich eine Frau, deren acht Monate alte Mopsmischlingshündin mit zahlreichen Verhaltensproblemen zu kämpfen hat. Unter anderem neigt sie dazu, einen Kopfsprung in die Schüsseln und Teller von Familienmitgliedern und Gästen zu machen, wenn diese beim Essen sitzen. „Sie springt hoch, stemmt die Pfoten auf dem Tisch ab und taucht die Schnauze in unser Essen!", berichtete Mrs. G. Auf meine Frage, wie lang Snuggles dies schon mache, antwortete sie: „Seit Monaten schon – und das obwohl wir sie jedes Mal mit einer Wasserflasche anspritzen und schimpfen! Warum versteht sie nicht, was ‚Nein!' bedeutet?" Ich zeigte ihr eine etwa einen Meter lange Ankerleine mit einem Karabiner an beiden Enden. „Könnten Sie ein Ende dieser Leine an Snuggles' Geschirr und das andere Ende an einem Tischbein oder einem Haken in der Wand befestigen, bevor Sie sich zum Essen setzen? Stellen Sie ein gemütliches Hundebett auf und werfen Snuggles immer dann ein Leckerchen zu, wenn sie sich auf ihren Platz legt. So belohnen Sie sie für eine neue Art des Bettelns: dafür, dass sie ruhig auf ihrem Bett liegt und auf eine Belohnung hofft. Nach einiger Zeit können Sie die Leine sogar weglassen, weil Snuggles lernt, dass Sie gelegentlich einen Leckerbissen bekommt, wenn sie auf ihrem Platz liegt." Meine Kundin wollte es versuchen. Dann begann sie, weitere Möglichkeiten zu finden, um Snuggles davon abzuhalten, unerwünschtes Verhalten zu zeigen: Sie wollte einen Welpenauslauf aufstellen, damit Snuggles ihren Besuchern nicht in den Schoß springen konnte, und die untere Hälfte einer Glastür mit Papier abkleben, damit sie die Passanten am Gehsteig nicht mehr anbellen musste. Indem Mrs. G. die Situation aus einer neuen Perspektive betrachtete – die Perspektive einer Entscheidungsarchitektin –, wurde sie zur Quelle von Leckerchen für braves Verhalten, anstatt ständig Drohungen für schlimmes Verhalten aussprechen zu müssen.

Alternative 2: Ein Fotoalbum Ihres braven Hundes anlegen

Ein treffender Name für diesen Ansatz wäre Alternative 1B: Tatsächlich handelt es sich um eine Erweiterung von SMART x 50, welche die Funktion des Markersignals hervorhebt. Dabei kann es sich um einen akustischen Reiz (z.B. ein Click, „Ja!“, ein Pfeifton), einen taktilen Reiz (ich verwende manchmal eine Berührung der Protuberantia occipitalis – der Knochenvorwölbung oben mittig am Hundekopf) oder einen visuellen Reiz (Daumen hoch, das Lichtsignal einer Taschenlampe) handeln.

Für den Lernenden haben Markersignale entscheidenden Informationsgehalt: Sie zeigen ganz genau, welches Verhalten belohnt wird, wirken als konditionierter positiver Verstärker und festigen dadurch das markierte Verhalten. Sie lassen das Tier wissen, wann eine Belohnung erhältlich ist. Die Abwesenheit des Markersignals bedeutet, dass im Augenblick keine Belohnung verfügbar ist. Aus diesem Grund eignen sich Markersignale besonders für stark futtermotivierte Tiere. Selbst wenn Futter in Reichweite ist, weiß der Hund, dass er dieses nur dann erhält, wenn er zuvor den Click (oder ein sonstiges Markergeräusch) gehört hat. Außerdem rufen Markersignale positive Emotionen im Lernenden wach und überbrücken die Zeit zwischen dem erwünschten Verhalten und dem Moment, in dem ein Leckerchen das Hundemaul erreicht bzw. er einen sonstigen Verstärker erhält.

Für Trainer ist es wichtig, diese Funktionen des Markersignals zu kennen. Wenn ich jedoch einen neuen Schüler davon überzeugen will, eine Zeitlang einen Clicker mit sich herumzutragen, lasse ich die technischen Details in der Regel unerwähnt. Stattdessen fordere ich meine Kunden gern auf, sich vorzustellen, der Clicker sei eine Kamera und der Daumen, der diesen betätigt, drücke den Auslöser.

Ich hörte die Kameraanalogie erstmals von Karen Pryor, Clicker-Pionierin und Autorin des zeitlosen Klassikers *Positiv bestärken – sanft erziehen*. Das Bild des Clickers als Kamera ist einfach und konkret. Auch wenn meine Kundinnen und Kunden nie zuvor jemanden mit dem Clicker arbeiten gesehen haben, ist die Wahrscheinlichkeit groß, dass sie geübt darin sind, Fotos mit ihrer Handykamera zu schießen.

Ich baue die Analogie gern weiter aus, indem ich meine Schüler auffordere, mithilfe ihrer Clicker-Kamera ein Fotoalbum ihres Vorzeigehundes anzulegen: „Fotografieren Sie Max so oft wie möglich beim Bravsein (oder dann, wenn er „süß ist“, „sich intelligent verhält“, „ruhig“ oder „ein Engel“ ist – je nachdem, auf welche Verhaltensweisen ich die Aufmerksamkeit lenken möchte). „Der Click macht ein Foto“, fahre ich fort, „und die Belohnung klebt dieses in ein Album.“ Ich selbst denke dabei an ein herkömmliches Fotoalbum mit Papierseiten und Fotoecken, die ein ausgearbeitetes Foto an seinem Platz halten. Technisch bewanderte Hundehalter stellen sich stattdessen wahrscheinlich ein virtuelles Album (wie Flickr oder Shutterfly) vor. Wie dem auch sei – die Analogie funktioniert in jedem Fall.

Apropos Technologie – vielleicht wird die Clicker-als-Kamera-Analogie in Zukunft nicht mehr nötig sein. Unsere Kameras werden kleiner und günstiger, und ich kann mir vorstellen, dass eines Tages mein Clicker selbst Fotos machen und diese tatsächlich in einem virtuellen Album abspeichern wird. Sie könnten natürlich auch jetzt schon eine kleine Kamera als Markersignal nutzen. Mir selbst scheint es aber umständlich, mit meinem iPhone Fotos von meinem Hund zu machen und das Auslösergeräusch als Markersignal zu nutzen.

Die Kameraanalogie ermöglicht mir auch, meinen Schülern einen weiteren wichtigen Punkt zu erklären: Einzig und allein sie selbst wissen, wie Max’ Fotoalbum aussehen soll. Meine Kunden und ihre Familie entscheiden, welches Verhalten sie glücklich (oder erleichtert oder stolz) macht. Oft überrascht es mich, welche Verhaltensweisen meine Kunden sich von ihren Hunden wünschen: auf den Hinterbeinen stehen und die Vorderpfoten auf die Schultern des Menschen legen, die Teller im Geschirrspüler abschlecken, Vögel aus dem Garten vertreiben … Aber das ist unwichtig. Schließlich ist es nicht mein Fotoalbum, sondern das ihre.

Trainer wissen, dass die Wahrscheinlichkeit eines Hundes, ein bestimmtes Verhalten zu zeigen, von der Verstärkungsgeschichte dieses Verhaltens abhängt: Wann, wie, wo und wie oft wurde es in der Vergangenheit mit Verstärkern oder Strafe in Verbindung gebracht? Häufige direkt darauf folgende, großzügige und begehrte Belohnungen verankern Verhalten fest im Repertoire des Hundes – es sei denn, auf dasselbe

Verhalten folgende Strafen machen die Belohnungen wett. Wenn wir unsere Analogie fortführen, lässt sich also sagen, dass die besten Alben Tausende von Fotos enthalten. Trainer wissen auch, dass Tiere belohntes Verhalten nicht in „lustige Tricks" und „wichtige Gehorsamsübungen" unterteilen. Jedes Verhalten, das regelmäßig zu einer Belohnung führt, wird häufiger auftreten – ganz egal, ob es sich dabei um einen blitzschnellen Rückruf weg von einem Eichhörnchen oder das Winken mit der Pfote handelt. Das Fotoalbum eines jeden Hundes kann Dutzende verschiedener Dinge enthalten. Ich rate meinen Kunden: „Ist es nützlich oder bringt Sie zum Lachen? Dann clicken Sie es!" (Und belohnen im Anschluss reich.) Dieser Ansatz ermöglicht, eine große Bandbreite an Verhaltensweisen aufzubauen und eine reiche Verstärkungsgeschichte für jene Handvoll Dinge aufzubauen, die Ihnen besonders wichtig sind.

Als ich gerade erst begonnen hatte, Hundehaltern Clickertraining beizubringen, bewunderte ich einen Schüler in meinem Anfängerkurs. Er griff zum ersten Mal nach dem Clicker, und sein Timing war von Anfang an nahezu makellos. Zum Aufwärmen forderte ich meine Schüler auf, zu clicken, wann immer ich mein rechtes Bein hob oder einen Tennisball an die Wand warf. Dane clickte jedes Mal genau im richtigen Moment. Später fand ich heraus, dass er von Beruf Fotograf war – er „sah und markierte erwünschtes Verhalten" bereits seit Jahren bei den Menschen und Tieren, die er fotografierte! Schade, dass er eine junge Bloodhound-Hündin hatte. Daisy war entzückend, aber bewegte sich im Zeitlupentempo. Danes großartiges Timing war für die Hündin, die zehn Sekunden brauchte, um sich niederzulegen, nicht nötig!

Alternative 3: Beliebte Aktivitäten als Belohnung

Tiertraining ist eine Sparte der angewandten Wissenschaft vom Lernen. Gott sei Dank! Diese Tatsache erlaubt uns Hundetrainern nämlich, zu „schummeln", indem wir uns die Erkenntnisse anderer Teilgebiete des Lernens zunutze machen. Die Erforschung von Ratten oder Tauben im Labor scheint auf den ersten Blick wenig mit unserer Arbeit zu tun zu haben – tatsächlich lassen sich jedoch zahlreiche Techniken aus dem Lab-or auf den Lab-rador umlegen.

Im Tiertraining dreht sich alles um Verstärkung. Verstärken wir ein Verhalten, so steigern wir die Wahrscheinlichkeit, dass es in Zukunft öfter auftritt. Darum bemühen wir uns, dasjenige Verhalten unseres Hundes, das uns wichtig ist – auf einer Decke liegen, auf uns zulaufen, uns ansehen, wenn wir seinen Namen sagen –, möglichst oft zu belohnen. Dabei setzen wir Futter, Aufmerksamkeit, Spiele und Spielzeug sowie Lob ein, um die erwünschten Verhaltensweisen zu honorieren.

Das Premack-Prinzip beschreibt Verstärkung aus einem etwas anderen Blickwinkel. In den 1960er Jahren formulierte Dr. David Premack, Psychologieprofessor an der University of Pennsylvania, die Theorie, dass „wahrscheinliches Verhalten weniger wahrscheinliches Verhalten verstärkt". William O'Donohue und Kyle E. Ferguson drücken dies in *The Psychology of B.F. Skinner* folgendermaßen aus: „Verstärkung ist die Möglichkeit, eine weniger beliebte Beschäftigung gegen eine Wunschbeschäftigung einzutauschen." (S. 246)

Dr. Premack machte die bahnbrechende Entdeckung, dass das Verhalten eines Tieres immer dann verstärkt wird, wenn das Tier direkt danach die Möglichkeit hat, das zu tun, was es in diesem Moment von sich aus gern tun würde. Hätte etwa ein geselliger Hund die Gelegenheit, unmittelbar nachdem er sich hingelegt hat (weniger wahrscheinliches Verhalten) einen Artgenossen zu begrüßen (wahrscheinliches Verhalten), so würde das Liegen verstärkt. Denken Sie daran, dass viele Verhaltensweisen, die wir uns von unseren Hunden wünschen, relativ unwahrscheinlich sind, bevor wir diese trainiert haben: Sie stellen keinen natürlichen Teil des Verhaltensrepertoires eines Caniden dar. Beispiele hierfür sind das neben uns Laufen oder beim Begrüßen eines zweibeinigen Besuchers alle vier Pfoten am Boden zu behalten. Unser Trainingsziel ist es, die Wahrscheinlichkeit zu erhöhen, dass unser Hund diese Verhaltensweisen zeigt. Dazu setzen wir Verstärker ein.

Das Premack-Prinzip sieht Verstärker nicht als Objekte (zum Beispiel ein Stück Leber), sondern als die Möglichkeit, etwas zu tun, was der Lernende gerne macht (zum Beispiel etwas Leckeres fressen). Wann immer Sie vorhersagen können, was Ihr Hund mit großer Wahrscheinlichkeit tun wird, haben Sie zugleich einen mächtigen Verstärker identifiziert. So kann etwa die Möglichkeit, ein Eichhörnchen zu jagen, das Fußlaufen und die Freiheit, eine Urinmarke zu untersuchen, einen Rückruf unter Ablenkung verstärken. Für einen unsicheren Hund kann die Möglichkeit, sich unter einem Sessel zu verstecken, einen Schritt in Richtung eines Fremden verstärken.

Vor einiger Zeit erhielt ich eine E-Mail von einer talentierten jungen Trainerin. Sie wollte wissen, ob ein bestimmtes von ihr beschriebenes Trainingsszenario ein Beispiel für das Premack-Prinzip sei. Ich antwortete, dass meinem Verständnis der Theorie zufolge jede Art der Verstärkung das Premack-Prinzip illustriere. Es handelt sich dabei um eine universelle Theorie, die jeden Aspekt von „Belohnungen“ im Training erklären kann.

Richten Sie eine Situation so ein, dass Ihr Hund ein Verhalten zeigt, das Sie fördern wollen, und als Konsequenz darauf die Möglichkeit erhält, einer beliebten Beschäftigung nachzugehen, gewinnen Sie – und Ihr Hund ebenso. Die Dinge, die Ihr Hund am allerliebsten tut – seine Leidenschaften – können Ablenkungen vom Training darstellen. Stellen Sie es geschickt an, so können dieselben Aktivitäten höchst effektive Verstärker und damit die Basis für stabile, verlässliche Verhalten darstellen.

Wie die Schwerkraft gilt auch das Premack-Prinzip immer und überall – unabhängig davon, ob Sie sich dessen bewusst sind und es in Ihrem Sinne nutzen oder nicht. Jedes Mal, wenn Ihr Hund ein weniger wahrscheinliches Verhalten gegen ein beliebteres „eintauscht“, wächst die Wahrscheinlichkeit für das zukünftige Auftreten des ursprünglich weniger wahrscheinlichen Verhaltens. In der Praxis heißt das, dass Sie jedes Highlight im Alltag Ihres Hundes als mächtigen Verstärker nutzen können. Highlights sind all jene heiß begehrten Momente, die den monotonen Hundealltag unterbrechen: Mahlzeiten, Spaziergänge, Spielzeit, das Kauen an Knochen oder Futterspielzeugen, Couch-Privilegien usw. Jean Donaldson bringt es in ihrem Klassiker *Hunde sind anders ... Menschen auch* in einem einprägsamen Beispiel auf den Punkt: „Leere Hunde spielen Frisbee.“ Anders ausgedrückt: Verrichtet der Welpe im Freien an der richtigen Stelle sein Geschäft (weniger wahrscheinliches Verhalten), so führt dies umgehend zu seinem Lieblingsspiel (wahrscheinliches Verhalten). In Zukunft wird der Welpe öfter auf diesem Untergrund (und möglicherweise an diesem Ort) pinkeln.

Die meisten Familienhunde erfahren ihren Alltag als eine Abfolge banaler Ereignisse, die gelegentlich von Highlights unterbrochen werden: Frühstück (Mmmh!), die Besitzer richten sich für den Arbeitstag her (Gähn!), ein Morgenspaziergang (Yey!), stundenlang alleine zuhause (Laaaaangweilig!), die Menschen kommen nach Hause (Endlich!) und so weiter. Mithilfe guten Timings können Sie die Übergänge von Langeweile zu Glücksgefühlen in Ihrem Sinne nutzen und zu Verstärkern von erwünschtem Verhalten machen! Im Laufe der Jahre habe ich meine Hunde etwa davon überzeugt, dass sie mich zu einem Zerrspiel auffordern können, indem sie ruhig auf ihren Decken liegen. Zerrspiele sind Highlights für Effie und Nick, weshalb ich den heiß begehrten Satz „Wollt ihr spielen?" ganz bewusst dann sage, wenn die beiden wie zwei Engel auf ihren Plätzen liegen. Nachdem ich dies seit Jahren so halte, ist die Wahrscheinlichkeit, dass sie auf ihren Decken entspannen, während ich am Computer arbeite, groß. Ich habe die Ruheposition so oft verstärkt, dass Effie und Nick Medaillen in Entspannungs-Wettkämpfen gewinnen könnten.

Zugegebenermaßen handelt es sich bei der üblichen wissenschaftlichen Formulierung des Premack-Prinzips nicht um eine Regel, die uns leicht im Gedächtnis bleibt: „Wahrscheinliches Verhalten verstärkt weniger wahrscheinliches Verhalten" ist zwar kurz, aber weder konkret, unerwartet noch in eine Geschichte verpackt. Für jemanden, der sich bisher nicht mit Verhaltenswissenschaften befasst hat, ist die Aussage auch alles andere als einfach verständlich formuliert.

Oft versuchen Hundetrainer, das Premack-Prinzip mithilfe von Omas Regel zu illustrieren: „Wenn du deinen Brokkoli isst, gibt es Nachspeise!" Nicht schlecht – allerdings vereinfacht diese Aussage die Dinge etwas zu sehr. Das Premack-Prinzip ist gerade darum so spannend und mächtig, weil es die dynamische Natur der Verstärkung ausdrückt: Jedes Mal, wenn ein wenig wahrscheinliches Verhalten verstärkt wird, wächst die Wahrscheinlichkeit für dessen zukünftiges Auftreten! Eine lange und konsequente Verstärkungsgeschichte kann das ursprünglich weniger wahrscheinliche Verhalten sogar wahrscheinlicher als das ursprünglich wahrscheinlichere Verhalten machen – das heißt, dass zwei Verhalten ihre Plätze auf der Wahrscheinlichkeitshierarchie im

Verhaltensrepertoire eines Tieres tauschen können! Omas Mittagessensregel hingegen kann nicht erklären, dass ein Kind schließlich mit der Erlaubnis, Brokkoli zu essen, für das Naschen des Nachtischs verstärkt werden könnte.

Ich möchte eine alternative Metapher vorstellen, die uns helfen kann, das Wesentliche des Premack-Prinzips zu vermitteln. Sie stammt aus einem Text, den die wegweisende Pferdetrainerin und Philosophin Alexandra Kurland (www. theclickercenter.com) vor einigen Jahren als Antwort auf meine Frage, was Clickertraining sei, schrieb. Ich hatte die Frage einem Dutzend meiner Trainingsvorbilder gestellt, um herauszufinden, über welche Grundprinzipien des Clickertrainings sich alle einig waren. Alle Antworten waren anschaulich und gut durchdacht, aber nur beim Lesen von Alex' Antwort bekam ich Gänsehaut. Es war ihr gelungen, die umfassende Kommunikation und Kooperation, die dieser Art des Trainings innewohnt, in treffende Worte zu fassen. Ich finde, dass sie auch zusammenfasste, was Trainer über das Premack-Prinzip wissen sollten. Alex schrieb:

Der Click hat zwei Seiten: das, was davor passiert, und das, was danach passiert. Unmittelbar davor zeigt das Tier ein Verhalten, welches der Trainer fördern möchte. Unmittelbar danach zeigt der Trainer ein Verhalten, welches das Tier fördern möchte – zum Beispiel die Gabe von Futter. Der Click verbindet die beiden Wünsche.

Schon als ich diesen Absatz zum ersten Mal las, stellte ich mir den Click als Hebelpunkt einer Wippe vor. Für das Tier handelt es sich um den Moment eines Austausches: Es kann nun aufhören, ein weniger wahrscheinliches Verhalten zu zeigen (zum Beispiel sich von einem Eichhörnchen zu entfernen) und zu einem wahrscheinlicheren Verhalten wechseln (zum Beispiel ein Zerrspiel beginnen, ein Stück Fleisch fressen oder sogar zu dem Eichhörnchen zurücklaufen). Mit dem Click sagt der Trainer: „Für den Augenblick warst du lange genug brav; jetzt bin ich dran, etwas Gutes für dich zu tun" (indem ich zum Beispiel mit dir spiele oder dich frei gebe). Das brave Verhalten unserer Hunde, welches uns zum Clicken veranlasst, ist in der Regel ein weniger wahrscheinliches Verhalten: „höflich" sein, Impulskontrolle zeigen, sich auf präzise, für Hunde unnatürliche Art und Weise bewegen (zum Beispiel durch einen Slalom laufen). Unser Click lässt den Hund wissen, dass wir ihn für das verhältnismäßig unwahrscheinliche Verhalten mit der Möglichkeit bezahlen werden, etwas zu tun, was ihm wichtiger ist.

Alex' Definition vermittelt auch sehr schön, dass Clickertraining keine Einbahnstraße ist: Information und Freude fließen vom Lehrenden zum Lernenden und umgekehrt, was immer wieder eine wunderschöne Erfahrung für Clickertrainer darstellt. Wir scherzen gern, dass der Vorgang Trainer und Tiere süchtig macht – und das kommt der Wahrheit ziemlich nahe. Der Austausch von Verstärkern zwischen Lerner und Lehrer – das Tier macht mit seinem Verhalten dem Trainer eine Freude, woraufhin der Trainer mit seinem Verhalten dem Tier Freude bereitet – führt zu einer kooperativen Partnerschaft im wahrsten Sinne des Wortes. Die Belohnungen fließen in beide Richtungen und die Partner wechseln sich darin ab, etwas zu tun, was dem jeweils anderen gefällt. Genau wie beim Spielen auf der Wippe sind Trainer und Hund abwechselnd oben und unten – und zwar nicht im Sinne von Dominanz und Unterwerfung, sondern im Sinne von Geben und Nehmen.

Alternative 4: Manches im Leben gibt es umsonst, manches nicht.

Es überrascht mich, wie oft Trainer (und andere Experten wie Tierärzte oder Tierheimmitarbeiter) empfehlen, Hunde immer und überall für ihre Privilegien arbeiten zu lassen, jedoch nicht darauf hinweisen, dass zuvor die grundlegenden physischen und psychologischen Bedürfnisse des Hundes erfüllt werden müssen. Leben die Tiere in einer sicheren Umgebung? Haben sie einen vor extremen Temperaturen und Witterungseinflüssen geschützten Rückzugsort? Stehen ihnen Wasser und nahrhaftes Futter zur Verfügung? Erhalten sie ein Minimum an Ansprache und Aufmerksamkeit, Bewegung, Ruhe und gelegentlich einen Tapetenwechsel? Es ist ausgesprochen wichtig, direkt auf das Minimum täglicher Bedürfnisse für die körperliche und seelische Gesundheit eines Hundes hinzuweisen. Ansonsten riskieren wir, unseren Kunden zu vermitteln, dass wir zu Trainingszwecken ohne ethische Bedenken alles rationieren können, was dem Hund wichtig ist.

Ein Rätsel: Wann ist Futter kein positiver Verstärker? Eine von mehreren richtigen Antworten lautet: Immer dann, wenn das Tier bewusst auf Futterentzug gesetzt wird. Um aus Dr. Murray Sidmans außergewöhnlichem Buch *Coercion and Its Fallout* zu zitieren:

> *Eine weitere falsche Anwendung positiver Verstärkung besteht darin, absichtlich einen Zustand der Deprivation herbeizuführen, welcher Verstärker effektiv macht: Gefangene werden in Einzelhaft gehalten, um soziale Kontakte als Verstärker für Fügsamkeit zu nutzen; sie werden auf Essensentzug gesetzt, um dann Nahrung als Gegenleistung für untertäniges Verhalten zu bekommen. Freiheit und Essen erwecken den Eindruck eines positiven Verstärkers. Beruht ihre Effektivität jedoch darauf, dass sie auf eine Zeit der Deprivation folgen, so handelt es sich um negative Verstärkung – die Verstärker sind Zwangsmittel.* (S. 46-47)

Dieser Absatz geht mir nicht aus dem Kopf. Er beschreibt den Ansatz mancher Trainer, die Hunde durch Entzug von Freiheit und Futter physisch und emotional aushungern, unheimlich gut. In der Folge ist das „Belohnen" des Hundes mehr als nur das Erfüllen eines Wunsches – es verschafft dem Tier Erleichterung von seinem Unbehagen oder lindert sogar dessen Schmerzen. Das verschiebt das Training in die Kategorie negativer Verstärkung – und diese, so Dr. Sidman, wirkt sich negativ auf das zukünftige Verhalten und die psychische Gesundheit des Tieres aus.

Diese Erkenntnis stellt uns als Trainer vor eine Herausforderung: Sollten wir unseren Tieren Futter, Freiheit und alle anderen begehrten Dinge ad libitum zur Verfügung stellen? Natürlich nicht. Allein die Vorstellung, unseren Familienhunden freien Zugang zu allem, was sie wollen, zu ermöglichen, erinnert an eine Szene aus *Herr der Fliegen*: chaotisch, verrückt und gefährlich.

Können wir uns weder mit dem einen noch dem anderen Ende des Kontinuums anfreunden – weder radikale Rationierung von Verstärkern noch freier Zugang zu allem –, so müssen wir entscheiden, an welcher Stelle der Skala wir die Grenze ziehen. Ich erkläre meinen Kunden, dass alle Hunde ein gewisses tägliches Pensum an Futter, Freiheit und Freude benötigen – ganz gleich, ob sie dies „verdient haben" oder nicht. Wie dieses Grundbedürfnis konkret aussieht, unterscheidet sich von Situation zu Situation. In jedem Fall ist es jedoch unzumutbar, unseren Tieren die Erfüllung ihrer Bedürfnisse vollständig zu verweigern, um sie fügsam zu machen.

Ich verstehe, dass es mitunter durchaus verlockend sein kann, ein Tier mittels Futterentzug zu „motivieren" – besonders dann, wenn wir unter Zeitdruck auf ein wichtiges Trainingsziel hinarbeiten. Das Aufspüren gesunkener Minen und Anbringen von Sprengstoff an deren Kabeln (um diese später aus großer Entfernung auslösen zu können) stellte eine große kognitive und physische Herausforderung für die Delfine dar, die ich trainierte. Wir hatten immer eine Deadline, um die Tiere auf eine schwierige Einsatzprüfung vorzubereiten. Der Zeitdruck war für uns Trainer allgegenwärtig.

Die Versuchung, einen Delfin, der sich weigerte, in einer Trainingseinheit mitzuarbeiten, ein (oder zwei) Tage lang nicht zu füttern, war groß. Wir hätten diese Entscheidung rationalisieren und sagen können: „Springst du nicht ins Boot, gibt es kein Futter." Das wäre jedoch alles andere als eine gute Idee. Delfine sind Säugetiere; sie haben einen täglichen Süßwasserbedarf, den sie über ihre Futterfische decken. Zudem machen ein oder mehrere Fastentage Delfine nervös und reizbar, nicht „motiviert".

Jeder Delfin erhielt also täglich seine Mindestration – egal, wie er sich in seiner Trainingseinheit verhalten hatte. Natürlich richteten wir seine Mahlzeiten so ein, dass wir kein mangelndes Kooperationsverhalten verstärkten – wir fütterten den Delfin einige Stunden nachdem er sich gegen eine Trainingseinheit entschieden hatte. Oft versuchten wir auch, zumindest einen Anflug von Kooperation für ein einfacheres Signal zu erhalten, bevor wir die Fische ausgaben. Doch selbst wenn ein Delfin keinerlei erwünschtes Verhalten zeigte, erhielt er jeden Tag eine Mahlzeit.

Machen Sie sich bewusst, dass Tiere, denen die Erfüllung ihrer physiologischen und sozialen Mindestbedürfnisse verweigert wird, verzweifeln können. Dies kann sich als aufdringliches, forderndes Verhalten zeigen, welches oft fälschlicherweise als Dominanz interpretiert wird, oder als Nervosität und Unaufmerksamkeit, welche oft mit Sturheit verwechselt werden.

Manches im Leben sollten unsere Hunde umsonst – das heißt ohne Gegenleistung – erhalten, ganz egal, ob sie sich an einem bestimmten Tag so verhalten, wie wir das gern hätten. In diese Kategorie fallen Trinkwasser, frische Luft, ein Minimum an Kalorien, ein Rückzugsort, Schutz vor Schmerz und Angst, eine gewisse Freiheit, sich zu bewegen und zu strecken, ein Mindestmaß an sozialen Kontakten und die bedingungslose Wertschätzung des Halters.

Andererseits heißt dies nicht, dass wir diese Dinge nie als Verstärker für erwünschtes Verhalten einsetzen dürften. So kann ich es etwa so einrichten, dass Effie auf mein Signal hin ein Spielzeug nimmt, anstatt an mir hochzuspringen, wenn ich nach Hause komme. Indem sie mir das Spielzeug bringt, verdient sie das Privileg meiner Nähe und Aufmerksamkeit (ja, für Effie ist dies ein Privileg). Andererseits müsste sie selbst dann nicht einen Tag (oder auch nur eine Stunde) lang auf mich verzichten, wenn sie bei der Begrüßung „böse" gewesen wäre. Hunde brauchen Familienanschluss.

Ein anderes Beispiel: Ich lasse meinen Hunden täglich eine Mindestmenge an Kalorien zukommen (mit den seltenen Ausnahmen eines notwendigen geplanten Fastentages oder der ein oder zwei Tage, die es manchmal braucht, um einen wählerischen Hund, der bisher immer und überall freien Zugang zu all seinem Futter hatte, an die bei uns üblichen Mahlzeiten zu gewöhnen). Trotzdem kann ich den Großteil dieser Kalorien nutzen, um Verhalten zu verstärken, das mir gefällt. Ich kann das Servieren des Futters zu einer Konsequenz für Dinge machen, die mir gefallen. Dabei gilt jedoch immer, dass ich den Hund selbst dann füttere, wenn er keines meiner Wunschverhalten zeigt. Um ihm seine Mahlzeit zu geben, warte ich auf einen Moment, in welchem er mir möglichst wenig auf die Nerven geht – wir könnten dies als „am wenigsten lästiges Verhalten" des Hundes bezeichnen. Egal, ob er auf meine Signale reagiert, diese ignoriert oder sich mir gegenüber feindselig gibt – eine Mindestportion Futter gibt es auf jeden Fall „umsonst!

Vermeiden Sie es jedoch, die täglichen Bedürfnisse Ihres Hundes „auf Abruf" zu erfüllen. (Schließlich sind Sie nicht Netflix.) Richten Sie es so ein, dass Ihr Hund irgendetwas anderes tut, als mit seinem Verhalten „Ich will! Ich will! Ich will das jetzt sofort!" zu fordern. Die Aufdringlichkeit Ihres Hundes sollte nicht zur Erfüllung seiner Wünsche führen!

Auf dieser Basis ist es kein Widerspruch, wenn Trainer oder Halter bestimmte Köstlichkeiten oder andere Verstärker ausschließlich für Belohnungszwecke einsetzen und der Hund sich diese erst erarbeiten muss. Manches im Leben gibt es also nie umsonst – Ereignisse und Dinge, die Ihr Hund so großartig findet, dass wir ihr Potenzial zum Training und Aufbau von Verhalten nicht verschwenden wollen. Dies sind jene Dinge in unserem Verstärkerarsenal, die so richtig einschlagen. Wir wollen ihre Kapazität, Verhalten zu modifizieren, voll und ganz nutzen!

Meine dreizehnjährige Hündin Effie zeigt jedes Mal, wenn sie einen Kong-Trainingsdummy sieht, eine ganz bestimmte Reaktion: Sie hebt diesen an dem daran befestigten Seil hoch, beutelt und schwingt ihn, während sie im Zickzack durch den Garten prescht, springt und sich um sich selbst dreht. Darum reserviere ich dieses spezielle Spielzeug als Trainingsbelohnung. Es befindet sich nicht mit den übrigen Bällen, Nylonknochen und Zerrtauen in der Spielzeugtruhe im Wohnzimmer, sondern liegt gemeinsam mit einigen besonderen Spielzeugen auf meinem Kühlschrank. Immer wieder überlege ich mir Trainingsszenarien, in denen ich meine Hunde mit diesen absoluten Lieblingsspielzeugen überraschen möchte, nachdem ich etwas besonders Tolles (zu diesem Zeitpunkt in unserem Training meist mit einem verbalen „Ja!") markiert habe. Manchmal nutze ich den Dummy als Belohnung dafür, dass meine Hunde auf ihren Betten entspannen, während ich am Laptop sitze, oder dass sie sich von meinem Nachbarn hinterm Zaun abrufen lassen.

Ein weiteres Beispiel: Günstige Hamburger aus dem Fast-Food-Lokal stellen ganz ausgezeichnete Verstärker dar. So kann ein Trainer etwa einen Hamburger an einem abgelegenen Ort verstecken, bevor er diesen mit seinem Hund aufsucht. Ich selbst verstecke gern ein oder zwei Hamburger in einem der Bäume, die den Wanderpfad säumen, den ich später mit meinen Hunden entlang spazieren will. In der Nähe des Baumes kann ich die beiden zu mir rufen („Komm!"), mit „Ja!" markieren und dann gemeinsam mit ihnen zum Hamburgerbaum laufen. Auf den Zehenspitzen stehend holte ich die Delikatessen aus dem Versteck und warf Effie und Nick jeweils einen Burger zu. Beim ersten Mal können viele Hunde ihr Glück, eine derart tolle Belohnung zu erhalten, kaum fassen. Bald macht die Überraschung jedoch purer Begeisterung Platz, während sie ihre Beute verschlingen.

Ich kann mir keine Situation vorstellen, in der ich einem meiner Hunde „einfach so" einen Hamburger überreichen würde – zum Beispiel einfach nur, weil er süß ist, einfach nur, weil ich ihn gernhabe, oder einfach nur, weil er ihn gern hätte. Hamburger sind als Verstärker zu wertvoll, um sie nicht als Belohnung für Verhalten zu nutzen, das mir besonders wichtig ist.

Wer beginnt, bestimmte Verstärker für besondere Situationen zu reservieren, begibt sich jedoch auf dünnes Eis. Gibt es manches nur, wenn der Hund auf ein bestimmtes Signal (seitens des Trainers oder der Umgebung) richtig reagiert, fällt es uns leicht, mehr und mehr begehrte Verstärker in diese Kategorie zu verschieben. Es gilt, aufzupassen, dass wir nicht wiederum bei einer strikten „Ohne Fleiß kein Preis!"-Philosophie landen. Wählen Sie also drei oder maximal vier Belohnungen, die

Sie für ganz besondere Gelegenheiten aufsparen. Jedoch nicht zehn und keinesfalls alles, was Ihrem Hund wichtig ist. Übertreiben Sie nicht!

Alternative 5: „Im Leben gibt es nichts umsonst" – mit Einschränkungen

Vielleicht beschließen Sie, Hundehalter weiterhin darauf hinzuweisen, dass es „im Leben nichts umsonst" gibt, dabei jedoch bestimmte Grenzen zu setzen, um zu verhindern, dass die Besitzer zu weit gehen. Es folgen einige Ideen, wie diese Einschränkungen aussehen könnten:

„Ohne Fleiß kein Preis" als Starthilfe: Es ist durchaus möglich, alle Dinge, die dem Hund wichtig sind, eine bestimmte Zeitlang oder bis zum Erreichen eines bestimmten Verhaltens- oder Entwicklungsziels zu rationieren. Ein gut durchdachtes und klar aufgebautes Beispiel hierfür stellt Susan Garretts Buch *Ruff Love* dar. Susan beschreibt ein herausforderndes Mehrphasenprogramm, im Zuge dessen sich der Hund nach und nach mehr Privilegien und Freiheiten verdient. Ein weiteres Plus: Die Empfehlungen in *Ruff Love* bedienen sich verhaltenswissenschaftlicher Grundsätze und Begriffe, anstatt darauf zu beharren, dass Hunden „ihr Platz in der Familienhierarchie" zugewiesen werden müsste.

„Ohne Fleiß kein Preis" für Kinder: Ist das strikte Rationieren von Belohnungen in Ihrer Situation für manche Familienmitglieder wichtiger als für andere? Vielleicht macht es Sinn, Ihren Hund für all jene Dinge arbeiten zu lassen, die er von Ihren Kindern erhält. Die Regeln können für Kinder und Erwachsene unterschiedlich aussehen. Hunde können sich daran anpassen. Allerdings wird der Alltag automatisch komplizierter, wenn sich die Trainings- und Belohnungsgewohnheiten innerhalb der Familie unterscheiden.

„Ohne Fleiß kein Preis" für Anfänger: Hin und wieder kommt es vor, dass ich einen neuen Kunden kennenlerne und entscheide, ihn alle Belohnungen im Leben seines Hundes rationieren zu lassen. Dazu kommt es in den seltenen Fällen, in denen ich vermute, dass ein derartiges Protokoll des Zusammenlebens sich für den besonderen Hintergrund und die Perspektive dieses Kunden am besten eignet. Dazu gehören mitunter Hundehalter, die bisher aversive Trainingstechniken eingesetzt haben. „Ohne Fleiß kein Preis“ kann einen für den Kunden verständlichen und leicht umsetzbaren Schritt weg von Alpha-Rollen, Leinenrucks und physischer Strafe darstellen. Als Grundlage, die weder Hund noch Mensch bedrohlich erscheint, bildet dieser eine Brücke zu einer weniger restriktiven Philosophie des Zusammenlebens.

Ich arbeite auch regelmäßig mit Hundehaltern, die beim Militär sind oder waren. Die Erklärung, dass es im Leben nichts umsonst gibt, kann sich für Menschen mit militärischer Ausbildung stimmig anfühlen: Die strenge Rationierung von Privilegien und die klare Führungsrolle eines Menschen sind ihnen vertraut. Darum entscheide ich manchmal, den grundlegenden Trainingsansatz auf diese Art und Weise zu erklären. Zwar bin ich davon überzeugt, dass sich für die meisten meiner Kunden eine weniger restriktive Philosophie besser eignet – jedoch bin ich bereit, diese individuell anzupassen und das „Ohne Fleiß kein Preis“-Prinzip zu integrieren, wann immer dies nötig sein sollte.

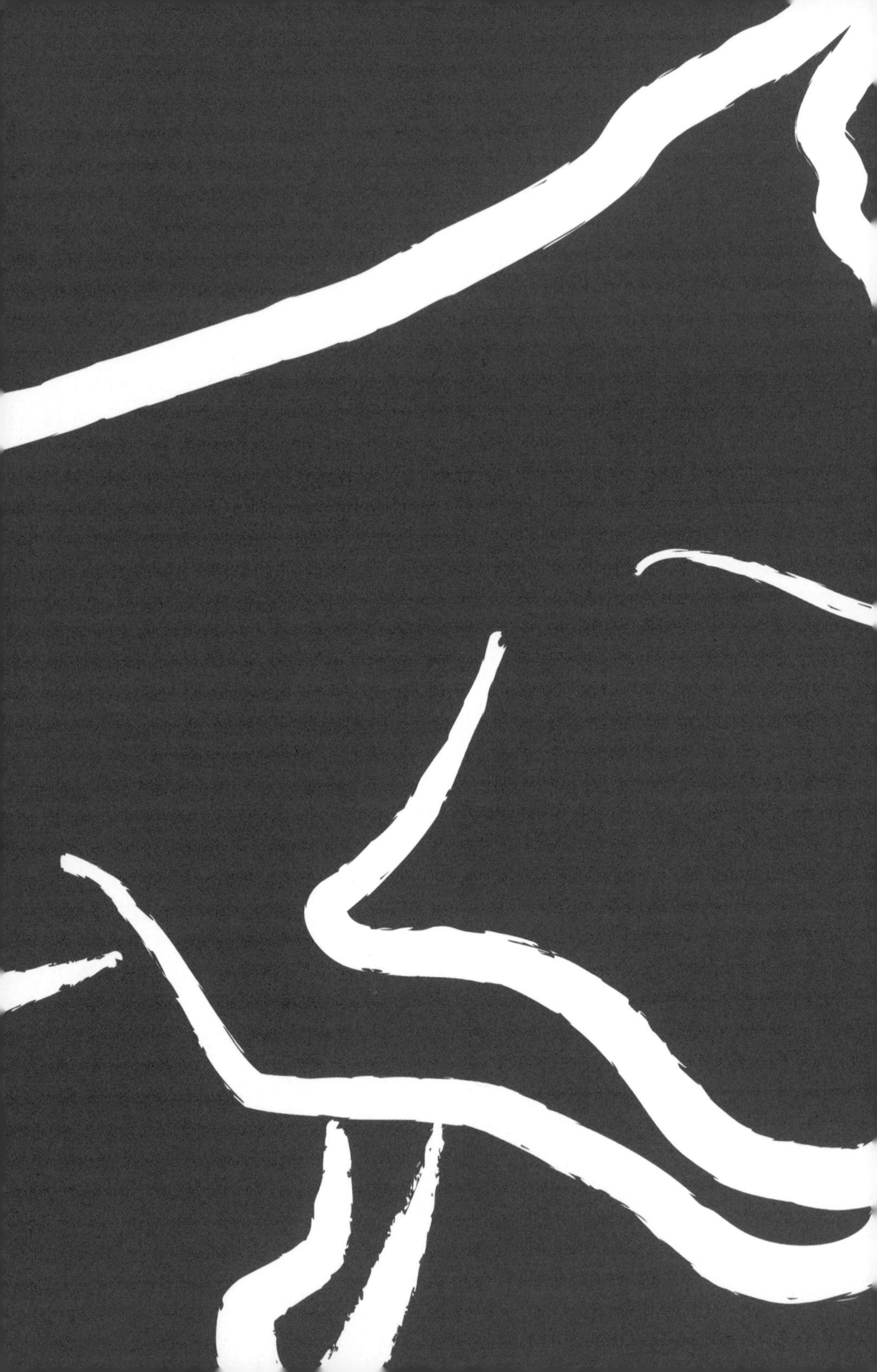

Kapitel 6

Hundetraining als Herzensangelegenheit

Seit etwa zehn Jahren arbeite ich mit Hundehaltern. Eine Handvoll Fälle verfolgt mich bis heute. Vor einigen Jahren läutete ich zur vereinbarten Zeit an der Tür des eleganten Vorstadthauses einer neuen Kundin, Mrs. H. Sie hatte mich vor etwa einer Woche angerufen, weil sie fürchtete, dass der neue Familienhund eine Gefahr für ihre beiden kleinen Töchter darstellen könne: Sassy hatte bereits mehrmals nach den Mädchen geschnappt, wenn sie sich ihr während des Fressens näherten. „Das darf sie einfach nicht!", meinte Mrs. H. am Telefon.

Ich erfuhr, dass Sassy, ein glänzend schwarzer Spanielmischling, der Ersthund der Familie war. Mrs. H. und ihre Töchter hatten sie vor einigen Monaten vom örtlichen Tierheim adoptiert. Sassy begrüßte mich im Eingangsbereich mit fröhlichem, tollpatschigem Überschwang, bis Mrs. H. mit ihr schimpfte und sie wegzog. Wir setzten uns im Wohnzimmer zusammen, wo ich auch die beiden Mädchen kennenlernte. Wie dies manchmal der Fall ist, wenn jemand auf Besuch kommt, wetteiferten die Kinder um meine Aufmerksamkeit. Ich beschloss, sie nur dann anzusehen oder anzusprechen, wenn sie die Hündin gerade nicht ärgerten.

Währenddessen führte ich mein übliches Erstgespräch mit Mrs. H., um mehr über Sassys tägliche Routine und ihre Geschichte zu erfahren. Ich fand heraus, dass Sassy täglich mehrere Stunden alleine zuhause war. Alleine gelassen wurde sie in einem kleinen, mit einem unsichtbaren Elektrozaun gesicherten Garten.[5] Ich wies auf die Gefahren derartiger Sicherungssysteme hin: Fremde Menschen und Hunde haben freien Zugang zu Garten und Hund. Manchmal läuft auch der eigene Hund über die Elektrogrenze hinaus, wenn er etwa ein Wildtier jagt, wagt sich dann aber aus Angst vor dem Schock nicht mehr zurück in den eigenen Garten. Der Einsatz von Elektroschocks im Training kann außerdem negative Nebenwirkungen haben. Mrs. H. wirkte ungeduldig. Es war deutlich, dass ich auf den Punkt kommen sollte: Ich sollte Sassy davon abhalten, ihre Kinder zu dominieren.

Während unseres Gesprächs hatte ich viele Gelegenheiten, die Töchter beim Umgang mit Sassy zu beobachten. In einer Ecke unter einer Arbeitsplatte stand eine mit Trockenfutter gefüllte Schüssel. Sassy lief

5 *Anmerkung der Übersetzerin: Ein unsichtbarer Zaun ist ein in Teilen Nordamerikas beliebtes Sicherungssystem für Hunde. Übertritt der Hund die unsichtbare Grenze, erhält er über ein spezielles Halsband automatisch einen Elektroschock.*

hin und wieder daran vorbei, um ein Maulvoll zu fressen. Die Kinder nutzten diese Gelegenheit mehrmals, um plötzlich und unerwartet hinter einem Regal hervorzuspringen und Sassy mit Kichern und Streicheln zu überraschen. Es war deutlich, dass Sassy die Umgebung ihrer Futterschüssel nicht geheuer war – sie musste gelernt haben, dass die Ecke gefährlich und die Kinder eine Bedrohung waren. Sie schnappte, um die Mädchen aufzufordern, ihr mehr Raum zu geben. Wir würden das Problem ganz einfach lösen können, indem wir Sassys Futterplatz änderten und ihr erlaubten, zu fressen, ohne von den beiden erschreckt zu werden. Mittels klassischer Gegenkonditionierung konnten wir außerdem ihre Assoziationen zum Näherkommen der Kinder verbessern.

Ich war zuversichtlich und wollte diesen einfachen Plan zur Verhaltensmodifikation mit Mrs. H. besprechen. Mein Optimismus fand jedoch ein jähes Ende, als ich ein tiefergehendes Problem entdeckte – eines, das ich nicht würde lösen können.

Ich wollte zeigen, wie wir Sassy mithilfe von Futterbelohnungen zu enthusiastischem, verlässlichem Verhalten motivieren konnten. Ich setzte mich auf den Fußboden, lehnte mich mit dem Rücken an eines der Wohnzimmersofas und rief fröhlich: „Sassy, komm!“ Die Hündin wirbelte herum und kam von der anderen Seite des Zimmers auf mich zugestürmt. Als sie bis auf Armeslänge an mich herangekommen war, jaulte sie so laut und schrill auf, dass mir fast das Herz stehen blieb. Sie prallte zurück und wimmerte. Erschrocken und verwirrt drehte ich mich nach Mrs. H. um. Ich hatte Sassy nicht einmal berührt!

Ich schwöre, Mrs. H. grinste, als sie eine Kunststoffscheibe unter der Couch hervorzog. „Oh, das waren nicht Sie, sondern das hier – damit halten wir Sassy von der Couch fern.“ Es handelte sich um einen Sender des unsichtbaren Elektrozaun-Systems. Zu Beginn meines Besuchs war mir eine kleine schwarze Box an Sassys Halsband aufgefallen – der Empfänger für den Elektroschock eines unsichtbaren Gartenzaunsystems. Allerdings hatte ich nicht gewusst, dass sich auch Sender im Haus selbst befanden: Wenn Sassy die unsichtbare Grenze übertrat und sich „zu nahe“ an die Couch heranwagte, versetzte ihr der Empfänger am Halsband einen Stromschlag. Sie hatte einen schmerzhaften Impuls erhalten, weil sie enthusiastisch auf mich zugelaufen war. Was den Alptraum vollendete, war, dass die beiden Mädchen lachten – ob über meine

Fassungslosigkeit oder Sassys Schmerz konnte ich nicht sagen. In jenem Moment wurde mir jedoch klar, dass die beiden Kinder nicht zu seelisch gesunden Erwachsenen heranwachsen würden. Immer wieder zu sehen, wie ein Lebewesen – ein Mitglied der eigenen Familie – gequält wird, als wäre dies keine große Sache, muss Kinder gegen Zwang und Gewalt abhärten und Narben auf der Seele hinterlassen. Ich überlegte sogar einen Moment lang, Sassy aus ihrem nicht eingezäunten Garten zu stehlen, um sie vor dem psychologisch giftigen Zuhause zu retten.

Wie kann es sein, dass gebildete, wohlmeinende Menschen es moralisch akzeptabel finden, ein Haustier in die Familie aufzunehmen, das in Haus und Garten schmerzhafte Stromschläge wird ertragen müssen – einfach nur, um Verhalten zu erlernen, welches sich ganz einfach mittels positiver Verstärkung oder einer Barriere erreichen ließe? Wie können wohlmeinende Menschen zusehen, wie ihr Haustier während des Fressens von einem Kind geärgert und verspottet wird? Ein Haustier, das lernt, dass die Welt tatsächlich unvorhersehbar und gefährlich ist?

Anfang dieser Woche fand ich mich in einem Gespräch wieder, welches mir diesen Tiefpunkt meiner Verhaltensberater-Karriere nochmals in Erinnerung rief. Ich spazierte morgens mit meinen Hunden am Wasser entlang, als mich eine Passantin ansprach. Sie meinte, sie hätte uns bereits öfter hier gesehen und ihr sei aufgefallen, dass ich heute einen Hund mehr bei mir hätte. Als ich erklärte, dass Bridget die Terrierhündin eines Kunden war, die ich für einige Tage hütete, erkannte sie, dass ich beruflich mit Tieren zu tun hatte. Wie alle Hundetrainer wissen, ist dies für viele Menschen das Signal, eine Geschichte über ihre eigenen Trainingsherausforderungen zu erzählen. Die Frau, die sich als Sue vorgestellt hatte, berichtete, dass sie hin und wieder den großen Hund ihres erwachsenen Sohnes spazieren führe. Das Problem, sagte sie, sei, dass der Hund mit Gusto an der Leine zöge und beim Anblick fremder Hunde aggressiv nach vorne pralle.

Ich fragte, welche Art Halsband oder Leine der Hund ihres Sohnes trug. Vielleicht konnte ich ihr ein Geschirr mit Brustring oder ein Kopfhalfter empfehlen. Wie sich herausstellte, wurde der Hund an einem flachen Nylonhalsband und einer Flexileine spazieren geführt – eine Kombination, die für Hunde über sieben Kilo einfach ungeeignet ist. Sue fügte hinzu, dass er auch „das andere Halsband" trage – ein Elektrohalsband.[6] Sue „schocke" den Hund jedes Mal, wenn er in die Leine sprang, doch habe dies bisher nichts an dem Problem geändert.

Unser spontanes Gespräch, das eine angenehme Unterbrechung meiner morgendlichen Spazier- und Gebetszeit dargestellt hatte, schmerzte mich im Herzen. Ich wollte aufhören, Sue unbezahlte Ratschläge zu geben, und in die Gegenrichtung weiterlaufen, um in Frieden den Sonnenaufgang zu sehen. Stattdessen deutete ich an, dass es unwahrscheinlich war, dass der Hund aufgrund der Stromstöße lerne, beim Anblick fremder Hunde entspannt zu bleiben. Sue erklärte, dass sie oft nur den Warnton des Halsbandes anstelle des eigentlichen Schocks einsetze. Ich atmete tief durch und erklärte, dass eine Androhung von Schmerzen nicht unbedingt effektiver oder humaner als das Zufügen von Schmerzen selbst ist: Eine Waffe zu zücken übt Zwang aus und verbreitet Angst – auch wenn man nicht den Abzug betätigt. Ich stelle mir in solchen Situationen immer vor, wie absurd es wäre, wenn ein Bankräuber zu seiner Verteidigung sagte: „Ich habe dem Typen doch nur eine Pistole an den Kopf gehalten – ich habe nicht geschossen!"

Immer wieder führe ich derartige Gespräche. Leider sind viele Menschen der Meinung, es sei nichts dabei, starke unsichtbare Strafreize wie Elektrohalsbänder einzusetzen, um Hunde davon abzuhalten, natürliche Hundeverhaltensweisen zu zeigen, für welche sich relativ einfach ein akzeptables Ersatzverhalten trainieren ließe. Was mir nach meinem Gespräch mit Sue abends den Schlaf rauben sollte, war jedoch etwas anderes: Sie bemerkte beiläufig, dass sie seit zwanzig Jahren als Volksschullehrerin arbeite. „Machen Ihre Schülerinnen und Schüler manchmal einen Fehler, zum Beispiel in Mathematik?", fragte ich. „Oder sind sie manchmal gemein zueinander?" Sie sah mich überrascht an. „Natürlich!" „Strafen Sie sie mit einem Taser, wenn sie sich falsch verhalten?", fragte ich. Sue schwieg. Sie fand den Vergleich nicht lustig. Ich gab nicht auf und erklärte, dass Tiere Angst und Schmerzen erfahren, wenn sie elektrisiert werden – genau wie wir Menschen. Der einzige Unterschied

6 *Anmerkung der Übersetzerin: In Nordamerika sind Elektroschock-Halsbänder legal.*

liegt darin, dass die Tiere uns dies nicht sagen können. Das Elektroschockhalsband vergrößerte Sues Problem, statt es zu lösen. „Es gibt auch andere, bessere Hilfsmittel und Techniken", sagte ich, „und ich kann Ihnen diese zeigen." Ich lächelte, als Sue fragte, ob ich eine Visitenkarte hätte.

Ich hoffe, dass ich Sue dabei werde helfen dürfen, die Erleichterung und Freude zu erfahren, von einer Quelle der Strafe zum Ausgangspunkt von Belohnungen zu werden. Nicht nur der Hund ihres Sohnes, sondern auch Hunderte Kinder, deren Weg Sue kreuzt, werden davon profitieren, und – was genauso wichtig ist – auch Sue selbst.

Dieser letzte Punkt wird in Diskussionen zum Thema humanes Hundetraining oft übersehen. Unsere Profession blickt auf eine erschreckende Geschichte von Misshandlung und Gewalt zurück. Noch heute gibt es viel Potenzial zur Veränderung, was Ausbildung, Kultur und Tierschutzgesetze betrifft. Methoden, die Hunden Schmerz und Angst zufügen, müssen abgelegt und durch humane Techniken ersetzt werden.

Das ist jedoch nicht alles: Wie wirkt sich das allgegenwärtige Strafen von Hunden auf die Strafenden selbst aus – auf die Herzen der Menschen, die Tiere elektrisieren, mit Wasser anspritzen, schlagen oder mit ihnen schimpfen? Können selbst passiv-aggressive Trainingstechniken gegenüber unseren Hunden – diese links liegen lassen, uns zurückziehen, physisch oder emotional unerreichbar sein, ihre Bitten um Aufmerksamkeit ignorieren – die tiefe Freude, die sich aus der wechselseitigen Kommunikation mit einer anderen Tierart ergibt, untergraben?

Als ich Delfine und Wale trainierte, kam es immer wieder vor, dass der Zoo oder das Universitätslabor, an dem ich arbeitete, Anfragen von schwerkranken Menschen oder den Eltern sterbenskranker Kinder erhielt. Sie wollten unsere Tiere hautnah kennen lernen – sie berühren, mit ihnen kommunizieren –, um ihren Symptomen Erleichterung zu verschaffen. Sie glaubten, dass die Meeressäuger über heilende Kräfte verfügten.

Damals lachte ich über diese Vorstellung. Heute glaube ich, dass die Menschen, die an uns herantraten, teilweise Recht hatten. Eine Verbindung zu den Delfinen oder Walen zu spüren – diese zu berühren, mit ihnen zu sprechen, sie zu füttern oder ihnen Signale zu geben – hatte tatsächlich eine therapeutische Wirkung. Die Patienten fühlten sich ausnahmslos besser. Bei dem heilenden Effekt handelte es sich jedoch nicht um eine Gabe, über die einzig und allein ein Meeressäugetier verfügt. Meiner Meinung nach liegt das Geheimnis darin, dass Patient und Tier *freiwillig* aufeinander zugehen: Unsere Wale und Delfine konnten immer entscheiden, wie viel Kontakt sie haben wollten.

Ich glaube, dass derselbe lebensspendende Effekt, den die Patienten aus ihrer Zeit mit den Delfinen gewannen, uns allen zur Verfügung steht, wenn wir frei und spontan mit unseren Hunden (oder Katzen, Pferden, Vögeln …) interagieren. Ist es nicht so, dass die meisten Menschen auf die eine oder andere Art leiden – seelisch und emotional erschöpft oder deprimiert sind – und genau diese Art der Erholung benötigen? Entscheiden wir uns für Trainingsmethoden, die Verhalten inspirieren, und gegen den Einsatz von Zwang, so können wir nur gewinnen. Tatsächlich stellt Egoismus ein gutes Argument für eine humane Trainingsphilosophie dar! Aus einem freien Geben und Nehmen, in dem Kommunikation keine Einbahnstraße ist, können wir unermessliche Freude schöpfen.

Und doch wird bis heute im Fernsehen, in Büchern und auf Weblogs über „strafbasiertes" einerseits und „auf positiver Verstärkung beruhendes" Training andererseits gestritten. Die Diskussion polemisiert, und auf Menschen, die sich nicht beruflich dem Hundetraining widmen, wirken die endlosen Debatten, wie sich Hunde am besten trainieren ließen, vielleicht lächerlich. Schließlich geht es bloß um Hunde, oder etwa nicht?

Tatsächlich geht es um Hunde – aber nichts an diesem Thema ist „nur" oder „bloß". Nicht nur, dass Hunde es verdienen, mit Würde behandelt zu werden – sie können uns auch helfen, einen besseren Umgang mit unseren Mitmenschen und anderen Geschöpfen zu lernen. Das Zusammenleben mit Hunden ermöglicht uns, die „Malen nach Zahlen"-Version einer Beziehung zu erfahren – eine Beziehung, die frei von den menschlichen Komplikationen verbaler Sprache, hinterhältigen (oder altruistischen) Absichten, dem endlosen Analysieren von Gesprächen und moralischem Doppelsinn ist.

Ihre Geselligkeit, Sensibilität für menschliche Körpersprache, das flexible Verhalten und die Liebe zu körperbetontem Spiel machen Hunde zu idealen Laborpartnern für Menschen, die bessere Eltern, Partner, Geschwister und Freunde werden wollen. Das ist auch der Grund, weshalb die Diskussion über Trainingsmethoden schnell emotional wird: Die Art und Weise, wie wir mit unseren Hunden umgehen, reflektiert unsere tiefsten Überzeugungen zu Beziehungen im Allgemeinen.

Ich selbst gehöre natürlich zur „Belohnen statt Bedrohen“-Fraktion dieser Diskussionen. Kürzlich hatte ich wieder das Privileg, an der ClickerExpo zu unterrichten. Zum achtzehnten Mal durfte ich gemeinsam mit großartigen Trainern, von denen sich alle mit Herz und Seele für die Prinzipien positiver Verstärkung einsetzen, unterrichten. Abgesehen von der grundsätzlichen groben Unterscheidung von „Verstärken“ und „Strafen“ gibt es noch eine weitere, subtilere Dichotomie der Trainingsphilosophien. Diese ist sowohl für die Beziehungen zu unseren Mitmenschen wie auch zu unseren Haustieren relevant.

Fütterer versus Rudelführer

Der beste Satz, den ich je auf einem Seminar gehört habe, stammt von Patty Ruzzo, einer Pionierin positiven Trainings. Vor zwanzig Jahren sagte die großartige Trainerin und Hundesportlerin: „Ich habe keine Ahnung, ob meine Hunde mich als Rudelführerin sehen, und es ist mir auch komplett egal. Sie sind gierig und ich habe, was sie wollen.“

Diese prägnante Aussage trifft den Nagel auf den Kopf und stellt zugleich eine elegante Zusammenfassung des wichtigsten Verhaltensgesetzes dar: Verhalten wird von Konsequenzen, nicht von Antezendenzen bestimmt. Die Verstärker (und Strafen), die Sie Ihrem Hund zukommen lassen, bestimmen sein zukünftiges Verhalten wesentlich mehr als „Führungsqualitäten“ wie strenge Kommandos oder das körperliche In-bestimmte-Positionen-Drücken des Hundes. Tatsächlich ergibt sich die Macht der operanten Konditionierung im Falle des Clickertrainings daraus, mittels häufiger, präziser, bewusster, dem Hund wichtiger Verstärker Verhalten aus dem Organismus herauszulocken – nicht daraus, mittels physischen oder psychischen Drucks bestimmte Verhaltensweisen in das Tier „hineinzuhämmern“.

Der Begriff „Anführer“ ist vage, sodass er auf unterschiedliche Art interpretiert werden kann. Im Hundetraining impliziert er oft, dass der Mensch über dem Hund steht: Der Anführer geht zuerst durch die

Tür, läuft vor dem Hund, isst zuerst, sitzt oder schläft auf einer höheren Ebene, hält den Hund zur Strafe in Rückenlage usw. „Anführer" kann auch bedeuten, dass der Mensch alle Interaktionen mit dem Hund initiiert und als Verhaltensregisseur und Befehlsgeber fungiert. Die „Alpharolle" innezuhaben bedeutet sowohl, die richtige Einstellung – d.h. bestimmt und kompromisslos – zu haben als auch das Richtige zu tun.

Wir können die Rolle des Anführers jedoch auch anders sehen. Ich denke an eines meiner liebsten Nelson-Mandela-Zitate aus seiner Autobiographie *Der lange Weg zur Freiheit*: „Ein Führer ist wie ein Hirte. Er hält sich hinter der Herde und lässt die Flinksten vorweggehen, woraufhin die anderen folgen, ohne zu erkennen, dass sie die ganze Zeit von hinten gelenkt werden."

Ist es möglich, dass die beste Art der Führung „von hinten" ausgeht? Vielleicht kommt es nicht darauf an, dem Lernenden Befehle zu erteilen und ihn zu kontrollieren; ihm immer wieder zu sagen, was er zu tun hat. Vielleicht geht es stattdessen darum, die Bedingungen zu optimieren, um den Lernenden zu sehen, sein Verhalten zu markieren und ihn reich für seine Kooperation zu belohnen. In diesem Szenario konzentriert sich ein guter Führer darauf, die Umgebung des Lernenden geschickt einzurichten und erwünschtes Verhalten zu fördern. Er ist proaktiv, beugt Problemen vor, indem er vorausplant, und vermeidet Interventionen, die Angst oder Meideverhalten hervorrufen würden. Diese ruhige, nuancierte Variante des Führens wirkt irgendwie unmodern: Wir sind eine Kultur von Machern, die ununterbrochen Dinge bewegen und beeinflussen wollen – es fällt uns nicht leicht, innezuhalten, unsere Hunde zu beobachten und ihnen zuzuhören.

Auf die Gefahr hin, als Wattebauschwerferin zu gelten: Ich bin mittlerweile der Überzeugung, dass die wichtigste Aufgabe eines Trainers darin besteht, ein geschickter Fütterer zu sein – im weitesten Sinne des Wortes. Effektive Trainer sind Belohnungsjunkies (genau wie im Idealfall die Tiere, mit denen sie arbeiten). Sie wollen die Quelle unzähliger Dinge sein, welche den Hund begeistern: Futter, Spiel, Aufmerksamkeit, Bewegung, Gerüche, Lob, Streicheleinheiten, Freiheit, Komfort und mehr. Sie erkennen und respektieren die Macht dieser Dinge, um bestimmte Verhaltensweisen im Repertoire des Hundes zu verankern. Trainingsexperten sorgen dafür, dass die bei Hunden beliebten Dinge eine Konsequenz auf akzeptables Verhalten darstellen – anders gesagt, dass erwünschte Verhaltensweisen von verschiedensten Verstärkern gefördert werden. Und was ebenso wichtig ist: Sie sorgen dafür, dass die weniger angenehmen Verhaltensweisen des Hundes (zum Beispiel gefährliches, destruktives oder aufmerksamkeitsheischendes Verhalten) nicht zum Erfolg führen: Unerwünschte Verhaltensweisen führen nicht zu Verstärkern.

Inwiefern unterscheidet sich dies von einer „Ohne Fleiß kein Preis"-Philosophie? Setzen geschickte Trainer in ihrer Rolle als Fütterer (d.h. als Quelle der verschiedensten positiven Verstärker) die erstrebenswerten Dinge im Leben des Hundes auf kalkulierte Art und Weise ein? Ja, natürlich. Training hat immer auch mit einer Manipulation der Umwelt zu tun. Allerdings bestehen zumindest zwei grundlegende Unterschiede zwischen einem Fütterer und einem „Rudelführer":

1. Manches im Leben eines Hundes sollte es immer umsonst geben: Liebe, Luft, Wasser, Sicherheit, Freiheit von Schmerz und Angst sowie Schutz vor extremen Temperaturen, und

2. auch die übrigen Privilegien, darunter ganz besonders Futter, Spiel und Aufmerksamkeit, sollten nicht ausschließlich eine Konsequenz auf die korrekte Reaktion des Hundes auf ein Kommando (oder Signal) des Menschen darstellen.

Der Hund kann diese immer dann erhalten, wenn sein Verhalten in Ordnung ist. Er muss nicht perfekt, unterwürfig oder gehorsam sein oder Respekt zeigen. Solange er niemanden bedroht, nicht lästig ist oder soeben eine Aufforderung des Menschen ignoriert hat, darf er die entsprechenden Verstärker erhalten.

Ich möchte die „Führer oder Fütterer"-Dichotomie aus einem weiteren Blickwinkel beleuchten. Meine Spiritualität beruht hauptsächlich auf dem römisch-katholischen Glauben, wird aber auch vom Buddhismus und von dem Buch *Ein Kurs in Wundern* beeinflusst. Ein wichtiger Eckpfeiler meiner Spiritualität ist unsere Berufung, Brot für die Welt zu sein. Jesus forderte seine Anhänger immer wieder dazu auf, die Hungrigen zu verköstigen und die Armen zu unterstützen. Im katholischen Glauben werden in der Kommunion Brot und Wein durch ein Wunder in den Leib und das Blut Christi gewandelt, hingegeben für das Leben seines Volkes. Ich glaube an einen Gott, der so demütig ist, dass er unsere Menschlichkeit teilt, und uns so sehr liebt, dass er seinen Leib und sein Blut für uns hingibt. Andere im wörtlichen wie metaphorischen Sinne zu verköstigen ist im Grunde die Berufsbeschreibung eines Christen.

Wer den Gottesdienst meiner Kirchengemeinde – St. Leo in Tacoma, Washington – besucht, sieht ein Bild, das sich von den meisten katholischen Liturgien unterscheidet: Der Priester verteilt den Leib Christi erst an alle Gemeindemitglieder und wartet, bis alle anderen Brot erhalten haben, bevor er selbst isst. Dies ist zutiefst symbolisch und gefällt mir so gut, dass ich mich immer etwas unwohl fühle, wenn ich den Gottesdienst einer anderen Kirche besuche. Meist wird dort die heilige Kommunion auf die übliche Art und Weise zelebriert, und der Priester isst und trinkt als Erster. In St. Leo erfüllt unser Pfarrer seine Rolle als Führer, indem er andere zuerst verköstigt. Andere zu (ver)pflegen und ihnen zu dienen steht an oberster Stelle. Zu führen, indem „die Letzten Erste und die Ersten Letzte" sind (Matthäus 20, 16) stellt einen krassen Gegensatz zur „Alpha"-Mentalität dar, für die zahlreiche Hundetrainer eintreten. Dabei bewirkt aber gerade das Erfüllen der Bedürfnisse anderer – anders gesagt das Verteilen von Verstärkern – echte, dauerhafte Verhaltensänderung (d.h. Wandlung).

Ganz besonders berührte und bewegte mich die unkonventionelle Philosophie der Führerschaft, die von der St. Leo Kirche gelebt wird, als Bruder Pat meine Füße wusch. Im Mittelpunkt der Gründonnerstagsliturgie steht immer das Nachstellen jenes Elements des letzten Abendmahls, in dem Jesus die Füße seiner Jünger wusch. Mit Krügen warmen Wassers, Becken und Handtüchern ausgestattet knien wir uns abwechselnd nieder, um die Füße eines Gemeindemitglieds zu waschen und uns die Füße waschen zu lassen. Das einfache Ritual drückt unsere Berufung aus, bescheiden zu sein und unseren Nächsten zu dienen.

Vor zwanzig Jahren trat ich offiziell wieder als aktives Mitglied in die katholische Kirche ein. An jenem Tag sollte ich die Erste sein, die vor der Gemeinde saß, um sich von unserem Pastor, Bruder Pat, die Füße waschen zu lassen. Im Laufe des vorangegangenen Jahres war es diesem leidenschaftlichen, großartigen, seelenvollen Mann gelungen, mein Herz durch seine inspirierten Predigten und seine empathische Seelsorge für die Gnade eines Gottes zu öffnen, der mich bedingungslos liebt. Ich respektierte Bruder Pat als Lehrer und spirituellen Führer und sah zu ihm auf, und doch kniete er demütig vor Hunderten Menschen, um Wasser aus einem kobaltblauen Porzellankrug über meine Füße (Größe 41) zu gießen. Er musste nichts sagen. Das Ritual selbst vermittelte mir auf viszerale Art und Weise alles, was ich über authentische Führung wissen musste: Es geht darum, unseren wie auch immer gearteten Status außen vor zu lassen und im Dienst an unseren Nächsten aufzugehen.

Dieses spirituelle Verständnis von Führerschaft hat nicht die geringste Ähnlichkeit mit der westlichen Interpretation von Führungsqualität, von der wir umgeben sind. Würden wir ein Venn-Diagramm der beiden Konzepte zeichnen, so würden die beiden Kreise sich nicht überschneiden. Das die moderne westliche Kultur definierende Statusstreben umzukehren stellt einen Akt der Rebellion dar. Ich stelle mir vor, dass ein wahrer Führer jederzeit bereit ist, die Bedürfnisse anderer zu erfüllen, d.h. diese zu (ver)pflegen. Dadurch kann ich den abgedroschenen Ratschlag, dass ein Hundehalter der „Rudelführer" sein müsse, aus einer erfrischend neuen Perspektive sehen.

Wenn ich morgens aufwache und meine beiden alten Hunde sehe, bereit für ihr nächstes Abenteuer, sage ich laut: „Danke, Gott, für einen weiteren Tag mit meinen Gefährten." „Gefährte" kommt vom althochdeutschen Wort „giferto", was wörtlich Fahrtgenosse – d.h. Reisbegleiter – bedeutet. Meine Hunde begleiten mich jeden Tag. Sie teilen mein Bett, mein Essen und mein Leben. Wir teilen Dinge, die uns wichtig sind – Verstärker – auf großzügige und umsichtige Weise mit unseren Gefährten. Unsere Fürsorge und unser (Ver)pflegen führt zu einer starken Beziehung, zu Vertrauen und Kooperation.

Denken Sie an all Ihre Gefährten: Ihre Freunde, Partner, Eltern, Kinder, Geschwister, Mitarbeiter, Vorgesetzten, Nachbarn und so weiter. Ist es möglich, dass Sie großen Einfluss auf diese hätten, wenn sie Möglichkeiten fänden, deren Bedürfnisse zu erfüllen, anstatt ihnen Befehle zu erteilen, sie zu kritisieren, zurechtzuweisen, auszuschließen oder zu bedrohen? Stellen Sie sich eine Welt vor, in der die sozialen Normen jeder Form von Verhaltensmodifikation verlangten, positive Verstärkung zu maximieren und den Einsatz von Zwang zu minimieren. Könnten wir mit der Flut des Glücks und der Zufriedenheit umgehen, die anstelle von Angst, Nervosität und Meideverhalten stünden? Würden wir vielleicht sogar feststellen, dass wir alle ein Recht auf Freude haben und dieser Ansatz wesentlich erfüllender ist, als uns mit einer kurzfristigen Erleichterung vom Druck des modernen Lebens zufriedenzugeben?

Gutes Auge statt großes Ego

Während ich über die fragliche Sinnhaftigkeit eines „Ohne Fleiß kein Preis"-Protokolls als Grundlage für Trainingsratschläge nachsann, stieß ich auf einen weiteren Kontrast. Beharren wir darauf, dass Hunde nur dann ein Privileg erhalten dürfen, wenn sie zuvor ein Kommando (oder Signal) ausgeführt haben, so entsteht ein krasses Machtgefälle zwischen Mensch und Hund: Der Besitzer entscheidet, was der Hund wann darf. Eigeninitiative und Belohnungssuchverhalten des Hundes sind unerwünscht. Alles dreht sich um die Interessen des Menschen und darum, was dieser im Gegenzug für ein Privileg von seinem Hund verlangt.

Dies führt uns zu einem Thema, mit dem ich mich zugegebenermaßen gut auskenne: das menschliche Ego. Dies hat sicher unter anderem damit zu tun, dass ich die Frage „Was machen Sie beruflich?" jahrelang selbstzufriedenen mit „Ich trainiere Delfine/Wale/Walrosse für die Universität/die Navy/den Zoo" beantwortete. Rückblickend frage ich mich, wie es mir gelang, jahrelang ein derart großes Ego mit mir herumzuschleppen.

Als ich zum Hundetraining wechselte, fiel es mir leicht, darauf zu bestehen, dass der Hund mir gehorchte – ansonsten würde er die Dinge, die er brauchte, eben nicht bekommen. Diese Philosophie ermöglichte es mir, mich an die Regeln guten Trainings zu halten, während meine Hybris intakt blieb.

Als ich jedoch sowohl diesen Ansatz als auch meine Egozentrik in Frage zu stellen begann, änderte sich auch mein Trainingsfokus. Anstatt mich auf meine Befehlsgewalt und den Gehorsam der Tiere zu konzentrieren, erkannte ich zusehends, wie wichtig es war, die Tiere, die ich trainierte, ganz bewusst zu beobachten. Ein guter Beobachter, der wünschenswertes Verhalten erkennt und darauf reagiert, kommt weiter als jemand, der sich auf das Rationieren aller Belohnungen beschränkt.

Mittlerweile hat das Beobachten für mich oberste Priorität – sowohl im philosophischen wie auch im praktischen Sinne. Bevor ich versuche, den Gehorsam eines Tieres zu verbessern, beobachte ich erst einmal dessen Verhalten.

Mein Training hat sich verändert, und anstelle meines großen Egos steht nun ein gutes Auge. Ich bemühe mich, mein Gegenüber zu sehen und die ganze Bandbreite und Raffinesse seines Verhaltens wahrzunehmen. Das ist auch zum Grundpfeiler meines eigenen Trainings und des Trainings, das ich meinen Schülern vermitteln will, geworden.

Vor einigen Monaten ertappte ich mich dabei, neckisch zu Nick zu sagen: „Das hab ich gesehen!" Mir war aufgefallen, dass er die Schnauze gehoben hatte und in Richtung eines fremden Mannes, der in einiger Entfernung von uns im Park stand, schnupperte. Nicks Ausdruck selbstbewusster Neugierde gefiel mir. Mit einem „Ja!" warf ich ihm ein Leckerchen zu. Diesen Satz verwendete ich nicht zum ersten Mal. In der Vergangenheit hatte ich ihn oft in ganz anderer Stimmlage ausgesprochen, um Nick oder andere Tiere zu rügen – zum Beispiel einen Hund, der im Begriff war, das Hinterbein an der Wohnzimmercouch zu heben: „Das hab ich gesehen!" Die Phrase einzusetzen, um ein Tier dabei zu ertappen, sich richtig zu verhalten – auch wenn es sich dabei nur um eine Kleinigkeit handelt! – macht jedoch wesentlich mehr Spaß.

Auch abseits von Trainingskontexten habe ich festgestellt, dass ich klarer sehe, seit ich versuche, mein alles überschattendes Ego beiseite zu lassen und weniger an meiner Selbstherrlichkeit und meinem Stolz festzuhalten. Indem wir unsere Herzen ein wenig von uns selbst frei machen, schaffen wir in unserem Bewusstsein Raum für unser Gegenüber. Das ist das Herzstück effektiven Trainings und erfolgreicher Beziehungen.

Hierarchie oder Anarchie?

Was würde passieren, wenn wir Trainer noch einen Schritt weiter gingen – wenn wir uns unser Gegenüber nicht nur kognitiv und emotional bewusst machten, sondern uns voll und ganz auf das gemeinsame Tun einließen? Wenn Training als Partnerschaft fühlender Tiere gälte und zum Ziel hätte, die Freude und Zufriedenheit beider Partner sowie der Menschen und Tiere in ihrem Umfeld zu steigern? Kann gemeinsames Training Lebensfreude in unseren Hunden wecken, statt von „Korrekturen", der Unterdrückung von Verhalten und verpflichtender Respektgebietung geprägt zu sein? Was, wenn wir uns mit einem Konzept gegenseitiger Verstärkung anfreundeten – einem Geben und Nehmen von Verstärkern zwischen Hund und Mensch? Könnte Training bedeuten, die Wünsche des jeweils anderen zu erfüllen?

Ein solcher Paradigmenwechsel birgt das Risiko, die unantastbare Hierarchie („der Mensch steht in der Rangordnung über dem Hund!") durcheinander zu bringen. Nun gut – weg mit diesem Dogma! Wenden Sie sich von der Hierarchiologie (ein großartiger Begriff, der von Dr. Laurence J. Peter und Raymond Hull in ihrem 1969 erschienenen Buch *The Peter Principle* geprägt wurde) ab! Das Prinzip der Rangordnung ist längst nicht mehr zeitgemäß.

Drohen wir im Chaos zu versinken, wenn wir uns des Alpha-Paradigmas entledigen? Kommt ein Nein zur Hierarchie einem Ja zur Anarchie gleich? Glücklicherweise nein. Wir können uns stattdessen für eine Heterarchie – ein System ohne permanentes Unter- oder Überordnungsverhältnis – entscheiden. Im Sinne des Hundetrainings steht eine Heterarchie für einen steten wechselseitigen Fluss von Information und Verstärkern (d.h. Kommunikation) zwischen Mensch und Hund – eine Beziehung, die nicht linear (nur vom Menschen zum Hund), sondern zirkulär ist und Wert auf Bewegung, Aktivität und Leben statt Rückzug, Meideverhalten und Unterordnung legt.

Natürlich haben auch Hierarchien ihre Daseinsberechtigung. Als ehemalige Navymitarbeiterin verstehe ich die Bedeutung einer Befehlskette in lebensbedrohenden Situationen. Mein Trainingskonzept ist jedoch nicht militaristisch. Es hat nichts mit Klischees wie Rangreduktion oder Rudelführertraining zu tun.

Eine bessere Analogie für meine Trainingsüberzeugungen ergibt sich aus dem Fremdsprachenunterricht. DAF – Deutsch als Fremdsprache – oder in meinem Fall eher MAF – Mensch als Fremdsprache: Hunde müssen sich in einer von Menschen und für Menschen gemachten Welt zurechtfinden. Wir sprechen beinahe ununterbrochen – und der Großteil dessen, was wir sagen, ergibt für unsere Hunde keinen Sinn.

Nicht nur, dass Hunde kein Deutsch (oder Englisch, Französisch usw.) verstehen – ihr Sprachverständnis ist bestenfalls rudimentär. Auch die faszinierenden Fähigkeiten der Border Collies Rico, Betsy und Chaser, die Namen von Spielzeugen zu unterschieden (siehe Lesetipps), ändert daran nichts.

Nicht nur unsere Sprache, sondern auch das für Hunde äußerst unnatürliche Verhalten, das wir von unseren Vierbeinern erwarten, muss für diese verwirrend wirken: Wir verlangen, dass sie am Ende eines kurzen Lederstreifens im Zeitlupentempo neben uns herlaufen, tote (oder lebendige) Eichhörnchen ignorieren, Menschen begrüßen, indem sie still sitzen, zu uns kommen, wenn wir sie aus einem Spiel mit ihren Artgenossen abrufen, und jede Menge anderer scheinbar absurder Dinge tun.

Neben Futter und Sicherheit brauchen Hunde also in erster Linie Übersetzer – kulturelle Mediatoren und Fürsprecher, die ihnen dabei helfen, sich mit den rätselhaften Regeln des Zusammenlebens mit Menschen zurechtzufinden. Hunde wissen nicht von Geburt an, was wir von ihnen wollen, und verstehen nicht automatisch, was wir ihnen zu sagen versuchen. Es ist, als müssten sie ein schwieriges 1.000-Teile-Puzzle zusammensetzen, ohne jemals das fertige Bild auf der Schachtel gesehen zu haben. Das große Ganze – die Manieren, auf die wir hinarbeiten – ist ihnen nicht bewusst. Das Verhalten unserer Gefährten lässt sich auf faszinierende Art formen und modellieren, besonders im jungen Alter. Mithilfe geduldigen, systematischen Trainings können wir ihnen helfen, die Puzzleteile an die richtige Stelle zu setzen.

Vor Kurzem erfuhr ich aus erster Hand, wie wichtig ein Übersetzer sein kann. Ich hielt ein Seminar in Italien (es war herrlich!), und nur wenige meiner Schüler sprachen fließend Englisch. Da ich nicht Italienisch spreche, stand mir eine Übersetzerin zur Seite. Francesca verwandelte das, was ich auf Englisch sagte, in italienische Worte, und wiederholte die Fragen der Schüler auf Englisch. Außerdem begleitete sie mich zum Essen in Restaurants und auf einen Tagesausflug nach Verona.

Francesca war großartig: gewandt und erfahren, freundlich, lustig und unermüdlich. Bald stellte ich fest, dass ich sie nicht nur für ihr Talent schätzte, meinen rasanten Vortragsstil in sinnvolles Italienisch zu übertragen, sondern auch merklich entspannte, wann immer ich sie an meiner Seite wusste. Ich konnte darauf vertrauen, dass Francesca mir helfen würde, alles, was ich über die mir fremde Kultur und ihre Bräuche und Sitten wissen musste, zu interpretieren. Meine Nervosität, einen Fauxpas zu begehen oder mich nicht mit Schülern oder Verkäufern verständigen zu können, löste sich in Luft auf, wenn meine geduldige, sorgfältige Übersetzerin mit von der Partie war. Ich entwickelte auch eine neue Empathie für unsere Hunde, die sich nicht bloß mit den Eigenheiten einer fremden Kultur, sondern einer fremden Art zurechtfinden müssen.

Können Hunde auch für uns in die Rolle eines Übersetzers schlüpfen? Auf jeden Fall; besonders im Hinblick auf Aufgaben, in denen sie die Experten sind. Vor Kurzem schlossen meine wunderbare alte Hündin Effie und ich einen Spürhundekurs für Anfänger ab. Effie war großartig darin, die versteckten Leckerchen zu erschnüffeln. Ich hingegen musste mich bemühen, ihr nicht im Weg zu stehen und ihrem natürlichen Talent die Möglichkeit zur Entfaltung zu geben. Meine Aufgabe bestand in erster Linie darin, sie jede Woche zum Kurs zu fahren. Die Suche hingegen meisterte sie ganz von selbst.

Dies ist ein Beispiel für einen Kontext, in dem ich die Kontrolle an meine olfaktorisch überlegene Partnerin abgab. Indem ich Effie die Führung übernehmen ließ, wurde ich zu einer besseren Trainerin. Hunde brillieren auch in anderen Dingen, wenn wir ihnen die Möglichkeit dazu geben: spielen, im Moment leben, wortlos kommunizieren, auf die subtile Körpersprache ihrer Gefährten achten, körperlicher Schönheit, Reichtum und Prestige keine Beachtung schenken usw.

Indem ich mich von der Vorstellung löse, als Mensch immer die Zügel in der Hand halten zu müssen, eröffnet sich mir der Reichtum eines anhaltenden Dialogs mit einem Individuum, das die Welt aus einer anderen Perspektive sieht.

Erfolgreiche Beziehungen beruhen auf der Würde, die sich aus einer Heterarchie ergibt – daraus, dass manchmal der Mensch dem Hund und manchmal der Hund dem Menschen den Vortritt lässt. Und abgesehen davon braucht die Welt nicht noch mehr Diktatoren, ganz gleich, wie wohlgesonnen diese ihren Untergebenen sind. Liebe kann es hingegen nie genug geben!

Von gesitteten Settern

Ich möchte Ihnen noch eine letzte Geschichte aus meinem Leben erzählen. In meiner Nachbarschaft begegnet mir hin und wieder eine junge Frau mit zwei Irish Settern. Immer läuft einer der Hunde links und der andere rechts von ihr. Noch nie wäre mir aufgefallen, dass die Hunde auch nur einen halben Schritt weit vor oder hinter ihr gingen. Dies ist umso bemerkenswerter, als die Frau ihren Gefährten keinerlei Beachtung schenkt und diese ohne Leine neben ihr hertrotten, während sie telefoniert oder auf ihrem Handy herumtippt. Die Hunde halten selbst dann ihre perfekte Position, wenn sie die Richtung wechselt – aber sie zeigen nie auch nur ansatzweise Emotionen. Sie lassen die Köpfe ein wenig hängen, trotten emotionslos die Straße entlang, die Stummelschwänze steif nach hinten gestreckt. Die Hunde wirken, als wären sie nicht echt – wie große, kastanienrote Ledertaschen, die an den Hüften der Frau befestigt sind.

Jedes Mal beobachte ich das Trio mit Interesse. War es möglich, dass die Frau ihren Hunden derartig freudlose Perfektion beigebracht hatte, ohne (über eine Art Erziehungshalsband) Strafe anzuwenden? Ich kam zu dem Schluss, dass es durchaus möglich wäre, die präzise Position mittels Clickertraining (d.h. differenzielle Verstärkung in Kombination mit einem Markersignal) zu perfektionieren. Der freudlose Eindruck jedoch war mit Sicherheit kein Resultat positiver Verstärkung. Später wurde mir bewusst – und dies machte mich traurig – dass viele Passanten die Frau zwischen ihren makellosen Hunden sehen und für den Inbegriff exzellenten Trainings halten würden: Die Setter verhielten sich so roboterhaft, dass die Frau sie nicht einmal ansehen musste. Die Glückliche! Sie konnte sich ganz auf ihr Handy konzentrieren.

Auch ich bin fast täglich mit meinen Hunden – Effie links und Nick rechts von mir – in meiner Nachbarschaft unterwegs. Ihr Verhalten ähnelt dem der Setter jedoch kaum. Oft laufen Effie und Nick einen Schritt vor mir her. Meistens, aber nicht immer, bleibt dabei die Leine locker. Beide Hunde sehen oder riechen auch immer wieder etwas Spannendes am Straßenrand, und manchmal bittet mich einer von ihnen durch sein Verhalten, stehenzubleiben und es näher zu untersuchen. Manchmal machen wir dies dann auch. Auch ich sehe und höre hin und wieder etwas Interessantes (wie kürzlich einen Weißkopf-Seeadler, der auf einem Ast saß und eine Ente verspeiste, welche er soeben in der Commencement Bay erbeutet hatte). Dann bitte ich meinerseits meine Hunde, mit mir stehenzubleiben, um zu beobachten.

Das Schönste an unseren Spaziergängen ist für uns alle das gemeinsame Entdecken von Schätzen am Straßenrand, die gemeinsame Zeit an der frischen Luft und das Teilen neuer Reize. Hin und wieder begegnet uns jemand und ruft: „Wer führt hier wen spazieren?" Ich kann diesen Satz nicht leiden. Er bringt eine engstirnige Definition von Führung zum Ausdruck und wirkt gehässig. Unsere gemeinsamen Spaziergänge bilden oft den Höhepunkt meines Tages. Meine Hunde laufen nicht perfekt an der Leine, aber das sehe ich nicht als Problem. Beide blicken auf eine Geschichte aggressiven Verhaltens zurück (Effie gegenüber Hunden an der Leine und Nick gegenüber Männern), und heute spazieren sie entspannt durch die Nachbarschaft! Nur zu gern verzichte ich auf die Möglichkeit, Stepford-Hunde – blind gehorsam und humorlos – an meiner Seite zu haben. Ich liebe meine lebendigen, lustigen und auch ein wenig unvorhersehbaren Gefährten.

Der beste aller Tricks

Vor vielen Jahren hatte ich auf meinem Schreibtisch ein Schild stehen, auf dem stand: „Je mehr Menschen ich kennenlerne, desto mehr liebe ich meinen Hund." Damals fand ich den Spruch amüsant. Mittlerweile ist mir bewusst, dass es sich dabei um einen Ausdruck meiner eigenen unterschwelligen Feindseligkeit und meines geringen Selbstvertrauens handelte. Schließlich zeugt es nicht gerade von Bildung und Umsicht, unsere eigene Spezies zu verunglimpfen. Nur zu oft schleicht sich diese Einstellung jedoch in die Worte und Gedanken von Hundetrainern ein, die sich mit Herz und Seele für das Wohlbefinden ihrer vierbeinigen Schüler einsetzen, während sie ihre „dummen" menschlichen Kunden – heimlich oder ganz offen – verachten.

Das Leben von Hunden zu retten, die aufgrund von Verhaltensproblemen eingeschläfert zu werden drohen, ist ein lobenswertes Ziel. Es ist jedoch nicht genug. Trainer, Verhaltensberater und Tierärzte haben die Möglichkeit, in ihrer Arbeit mit Hundehaltern so viel mehr zu verändern. Sie können beeinflussen, wie Menschen miteinander umgehen und sich gegenüber Mitmenschen und Tieren verhalten. Sie können ein Vorbild für Gewaltfreiheit in allen Situationen sein, und sie können sich für Techniken der Verhaltensmodifikation einsetzen, die von Respekt gegenüber Hund und Halter geprägt sind.

Stellen Sie sich vor, unser wichtigstes Ziel für jede Privat- oder Gruppenstunde und jedes Beratungsgespräch wäre, das Wohlbefinden und die Zufriedenheit aller im Raum befindlicher Menschen und Tiere zu steigern: Hunde, Halter und Trainer. Wir würden uns nicht nur dafür einsetzen, schwierigen Hunden das Leben zu retten, sondern auch die Lebensqualität der gestressten Menschen, die sich uns anvertrauen, verbessern. Der Zweck unseres Trainings wäre nicht, die Entscheidungsmöglichkeiten unserer Hunde mittels Zwang einzuschränken, sondern diesen mittels positiver Verstärkung deutlich zu vermitteln, welche Entscheidungen zum Erfolg führen. Es ginge weniger darum, unsere Zuneigung und Aufmerksamkeit zu rationieren, und mehr darum, einander zu verstärken und miteinander zu spielen. Aus einem „Wehe, du tust das!“ würde ein „Komm, trau dich!“ Vielleicht gibt uns dies die Freiheit, unseren Würgegriff um die Kontrolle aller Freuden unserer Hunde zu lockern. Vielleicht hilft es uns festzustellen, wie unbegründet unserer Angst ist, dass die Welt im Chaos versinken würde, wenn wir nicht die Kontrolle behielten: Die Welt dreht sich weiter. Alles ist in Ordnung – radikal in Ordnung. Was für eine Erleichterung – für uns genau wie für unsere Tiere und Mitmenschen!

Ich bin nicht vollkommen naiv. Ich weiß, dass Verhaltensprobleme komplex und es schwierig sein kann, das Verhalten eines Hundes zu ändern. Das heißt jedoch nicht, dass Trainer oder Halter ihrerseits dem Hund das Leben schwer machen müssten. Unsere Hunde haben eine ganz besondere Fähigkeit: Sie können unsere Herzen zum Schmelzen bringen, ganz gleich, wie verhärtet oder steinern diese auch sind. Wir können ihnen die Möglichkeit geben, uns diesen besten aller Tricks zu zeigen, ohne auf unsere Trainingsziele zu verzichten. Dies ebnet den Weg für weitreichende Verhaltenswandlungen in beiden: Der Hund lernt, sich im Alltag zivilisierter zu verhalten, und der Mensch lernt, Mitgefühl und Empathie zu zeigen.

Eine Parabel, die von den Cherokee stammen soll, erzählt von einem jungen Indianer. Er zeigte aggressive Tendenzen, und die Stammesältesten sorgten sich um ihn. Einer der Ältesten nahm ihn zur Seite und erklärte, dass seine Wut verständlich sei. Alle Menschen trügen zwei Wölfe in sich. Einer der Wölfe sei großzügig, bescheiden und offenherzig, der andere aggressiv, arrogant und egoistisch. Die beiden Wölfe kämpften ständig miteinander – keiner sei stark genug, um den anderen zu töten. „Welcher Wolf gewinnt den Kampf?", fragte der junge Mann, und der alte Indianer antwortete: „Der, den du fütterst."

Auch Sie entscheiden durch Ihren Umgang mit Menschen und Tieren im Alltag, welchen der Wölfe Sie füttern. In der Ausbildung unserer Hunde – einem wichtigen Element im Leben von Millionen Menschen – füttern wir ebenfalls einen der Wölfe. Die Trainingsphilosophien und Methoden, für die Sie sich entscheiden, bestimmen, welcher der Wölfe stärker wird. Wählen Sie mit Bedacht!

Danksagung

Tja, das Karma! Es geschieht mir ganz recht, dass ich mir die Haare raufe, während ich niemanden zu vergessen versuche, der zur Geburt dieses Buches beigetragen hat: Ich muss zugeben, dass ich selbst regelmäßig die Danksagungs-Kapitel meiner Kolleginnen und Kollegen studiere, um zu sehen, ob sie meinen Beitrag – wie klein auch immer er gewesen sein mag – zu schätzen wissen. Jetzt sehe ich mich mit der Tatsache konfrontiert, dass ich mit Sicherheit den einen oder anderen wichtigen Freund oder Kollegen vergessen werde – einerseits, weil mein Hirn einem Sieb gleicht, andererseits, weil die Zeit, in der ich mit diesem Buch schwanger ging, die Tragezeit eines Elefantenkalbs in den Schatten stellt.

Über meinem Schreibtisch hängt eine unglaublich ermutigende E-Mail von Dana Crevling. Sie ist nicht nur die Eigentümerin von *Dogs of Course* und hat viele meiner Seminare gesponsert, sondern auch eine gute Freundin, die mir besagte E-Mail zukommen ließ, als ich schon nach den ersten Kilometern meines Schreibmarathons schlappzumachen drohte. Dana war in vielerlei Hinsicht eine der ersten, die an mich glaubten: Sie sah Talent in mir, bevor ich selbst es tat. Sie und Carolyn Barney feuerten mich von Anfang an und unaufhörlich in meinem Abenteuer Buchprojekt aus der Ferne an.

Meine geschätzte Freundin und Kollegin Dorothy Turley war stets zur Stelle, wenn mein Buchprojekt ins Stocken geriet. Seit vielen Jahren schon gewinne ich durch sie neue Blickwinkel und Einsichten in verschiedenste Situationen.

In meiner Schreibtischschublade liegt, gemeinsam mit anderen Elektrogeräten, die mein iPhone überflüssig gemacht hat, ein kleiner Sony-Kassettenrekorder, den mir meine Freundin Shauna Shipley vor vielen Jahren schenkte. Sie wusste, dass mich der Rekorder animieren würde, die eine oder andere meiner Tiertrainings-Anekdoten festzuhalten und irgendwann einmal niederzuschreiben. Darüber hinaus stellte mir Shauna großzügig ihre Zeit und Expertise als didaktische Designerin zur Verfügung, um mir beim Planen effektiver und kurzweiliger Seminare zu helfen. Meine daraus gewonnenen Lehrerfahrungen haben diesem Buch den Weg geebnet.

Meine Schwester Cheryl Nowak, Eigentümerin einer Zeitung, Herausgeberin und Lektorin opferte großzügig einen Teil ihres Urlaubs, um mein Manuskript durchzusehen. Ihr Talent hat ... *oder einfach so!* zu einem besseren Buch gemacht und mir einige Peinlichkeiten erspart. Alle verbleibenden Fehler sind ausschließlich mir zuzuschreiben.

Noch viele andere haben mich während des Schreibens unterstützt und inspiriert. Ich bin dankbar für diese guten Seelen, darunter Louisa Beal, Eva Bertilsson, Karen Bream, Linda Brodzik, Virginia Broitman, Kelli Brooke, Sue Coller, John Fuchs, Jim Harbaugh, Ann Howie, Nancy Kedward, Sherrie Kilborn, Alexandra Kurland, Steve Lantry, Karri Lee, Sherri Lippman, Terri Mallett, Harriet Mooney, Suzi Moore, Joan Orr, Susan Pierce, Michele Pouliot, Ken Ramirez, Lori Salo, Shannon & Jon Smith, Liane Sperlich, Lori Stevens, Anita Valigura und Emelie Johnson Vegh.

Mein aufrichtiger Dank gilt auch all jenen, die in den letzten zehn Jahren meine Seminare und Workshops besucht haben. Ihr begeistertes Feedback hat mich darin bestärkt, dass ich etwas Nützliches zu sagen haben könnte.

Zur Zusammenarbeit hätte ich mir kein besseres Team als Dogwise wünschen können. Vor fast genau zwei Jahren traf ich Jon Luke auf einer Konferenz. Er meinte, zu erkennen, dass ich ein Buch in mir hätte. In den darauffolgenden Gesprächen gelang es Jon, diesen Glauben auch in mir selbst zu wecken. Später steuerte Larry Woodward seine Expertise als Lektor, Herausgeber und Verleger bei. Die Geduld, die Larry und Jon mir – einer Erstautorin, die zeitweise über mehr Ängste als Worte verfügte – entgegenbrachten, gleicht der eines geschickten Hundetrainers im Umgang mit einem schreckhaften Vierbeiner. Nie setzten sie mich unter Druck. Stattdessen machten sie mir Mut und gaben mir die Zeit, die ich brauchte, um in meinem eigenen Tempo zu schreiben.

Von all dem und mehr bin ich reich gesegnet.

Über die Autorin

Verhaltenswissenschaftlerin Kathy Sdao (ACAAB) ist seit sechsundzwanzig Jahren hauptberuflich als Tiertrainerin tätig. Im Zuge ihres Masterstudiums in experimenteller Psychologie arbeitete sie mit Delfinen am Meeressäugerlabor der University of Hawaii im Kewalo Basin. Später trainierte sie Delfine für das US-amerikanische Verteidigungsministerium und Wale und Walrosse am Point Defiance Zoo & Aquarium in Tacoma, Washington. Seit 1998 ist Kathy Eigentümerin und Leiterin von Bright Spot Dog Training, einer Hundeschule, deren Schwerpunkt in der Verhaltensmodifikation für Familienhunde liegt. Außerdem unterrichtet sie jährlich etwa zwölf internationale Seminare für Trainerinnen und Trainer, von denen viele unter www.kathysdao.com auf DVD erhältlich sind.

Lesetipps

Bücher

Clicker Basics for Dogs & Puppies, Carolyn Barney, 2007.

Clickertraining: The Four Secrets of Becoming a Supertrainer, Morten Egtvedt & Cecilie Køeste, 2008. Zum Download erhältlich unter http://www.canisclickertraining.com/clickertraining/

Clinical Behavioral Medicine for Small Animals, Karen Overall, 1997.

Coercion and its Fallout, Murray Sidman, 2000. (Erhältlich unter https://behavior.org/product/coercion-and-its-fallout-2/)

Hunde sind anders ... Menschen auch: So gelingt die problemlose Verständigung zwischen Mensch und Hund. Jean Donaldson. Stuttgart: Kosmos, 2009.

Schöne Locken. Lorraine Massey. München: mvg Verlag, 2015.

Hunde: Neue Erkenntnisse über Herkunft, Verhalten und Evolution der Kaniden. Ray & Lorna Coppinger. Bernau: animal learn, 2003.

Positiv bestärken – sanft erziehen: Die verblüffende Methode, nicht nur für Hunde. Karen Pryor. Stuttgart: Kosmos, 2006.

Reifes Leben: Eine spirituelle Reise. Richard Rohr. Freiburg: Herder, 2015.

Handbook of Applied Dog Behavior and Training, Vol. 3: Procedures and Protocols, Steven R. Lindsay, 2005.

Lebens-Mittel: Eine Verteidigung gegen die industrielle Nahrung und den Diätenwahn. Michael Pollan. München: Goldmann, 2009.

Was bleibt: Wie die richtige Story Ihre Werbung unwiderstehlich macht. Chip Heath und Dan Heath. München: Hanser, 2008.

Manpo-Kei: The Art and Science of Step Counting, Catrine Tudor-Locke, 2006.

The Psychology of B. F. Skinner, William T. O'Donohue & Kyle E. Ferguson, 2001.

The Relationship Cure: A 5 Step Guide to Strengthening Your Marriage, Family, and Friendships, John Gottman, 2002. (www.gottman.com)

Ruff Love: A Relationship Building Program for You and Your Dog, Susan Garrett, 2002.

The Thinking Dog: Crossover to Clicker Training, Gail Tamases Fisher, 2009.

Warum wir dick werden und was wir dagegen tun können. Gary Taubes. Kandern: Unimedica, 2018.

Artikel

Friedman, S.G. (2008) „Was stimmt nicht an diesem Bild? Effektivität ist nicht genug." Übersetzung von Dagmar Heidebluth für www.vogelecke.de im Januar 2018.

(http://www.behaviorworks.org/files/translations/What's%20Wrong%20With%20This%20Picture%20-%20German%20Translation2.pdf)

Dr. Friedmans ausgezeichnete Website findet sich unter www.behaviorworks.org. „Living & Learning with Animals", ihr Onlinekurs für Verhaltensanalyse, ist eine Weiterbildungsmöglichkeit, die sich kein Tiertrainer oder Tierarzt entgehen lassen sollte.

Kaminski, J., Call J. & Fischer, J. (2004) „Word learning in a domestic dog: Evidence for fast mapping.'" *Science*, 304, 1682–1683.

Mech, L. D. (1999) „Alpha status, dominance, and division of labor in wolf packs." *Canadian Journal of Zoology*, 77:(8) 1196–203.

Morell, V. (March 2008) „Minds of their own." *National Geographic*, 36–61.

Pilley, J.W. & Reid, A. K. (2011) „Border collie comprehends object names as verbal referents." *Behavioural Processes*, 86, 184–195.

Schwarz, J. (2001) „Emotional bids are key, Gottman finds." *University Week* (herausgegeben von der University of Washington), 10. Mai 2001. (http://www.washington.edu/news/2001/05/07/the-relationship-cure-is-manual-for-emotional-connection/)

Udell, M.A.R. & Wynne, C.D.L. (2008) „A review of domestic dogs' (Canis familiaris) human-like behaviors: Or why behavior analysts should stop worrying and love their dogs." *Journal of the Experimental Analysis of Behavior*, 89(2): 247–261.